副猪嗜血杆菌诊断和流行病学分子技术应用

Application of molecular techniques to the diagnosis and epidemiology of *Haemophilus parasuis*

朱必凤　刘博婷　曾松荣　彭国良　著

暨南大学出版社
JINAN UNIVERSITY PRESS

中国·广州

图书在版编目（CIP）数据

副猪嗜血杆菌诊断和流行病学分子技术应用/朱必凤，刘博婷，曾松荣，彭国良著 . —广州：暨南大学出版社，2016.6
ISBN 978 - 7 - 5668 - 1791 - 4

Ⅰ. ①副…　Ⅱ. ①朱…②刘…③曾…④彭…　Ⅲ. ①家畜—病原细菌—嗜血杆菌属—诊断②家畜—病原细菌—嗜血杆菌属—研究　Ⅳ. ①S852. 61

中国版本图书馆 CIP 数据核字（2016）第 072789 号

副猪嗜血杆菌诊断和流行病学分子技术应用
FUZHUSHIXUEGANJUN ZHENDUAN HE LIUXINGBINGXUE FENZI JISHU YINGYONG
著　者：朱必凤　刘博婷　曾松英　彭国良

出版发行：暨南大学出版社（510630）
电　话：总编室（8620）85221601
　　　　营销部（8620）85225284　85228291　85228292（邮购）
传　真：（8620）85221583（办公室）　85223774（营销部）
网　址：http：//www. jnupress. com　http：//press. jnu. edu. cn
排　版：广州市天河星辰文化发展部照排中心
印　刷：广东广州日报传媒股份有限公司印务分公司
开　本：787mm×1092mm　1/16
印　张：10. 25
彩　插：8
字　数：268 千
版　次：2016 年 6 月第 1 版
印　次：2016 年 6 月第 1 次
定　价：32. 00 元

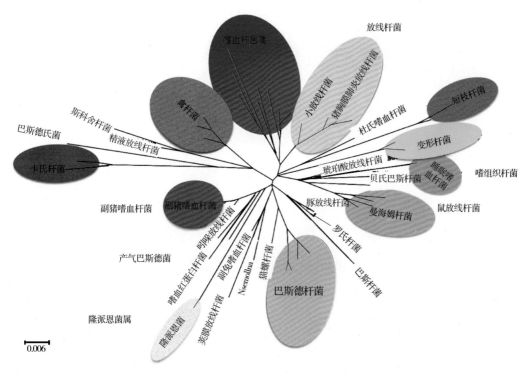

副猪嗜血杆菌 16S rRNA 基因分类

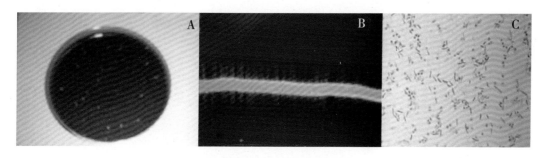

副猪嗜血杆菌的形态

A. 在巧克力琼脂培养基上的菌落形态；B. 葡萄球菌浸制滤纸和卫星细胞生长的副猪嗜血杆菌；C. 革兰氏染色。
（摘自 Olivera et al. , 2006）

脊背隆起

普通外观

病猪被毛粗乱、竖直

感染副猪嗜血杆菌的病死猪

断奶猪的支气管肺炎和心包炎　　　　可找到典型的空胃

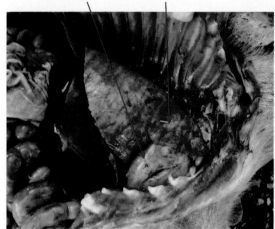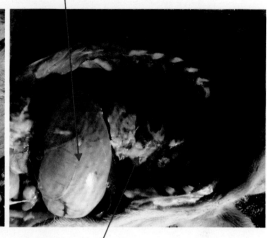

仔猪断奶后7~14天常见的纤维素性支气管肺炎

剖检断奶后 7~14 天的仔猪

典型的空胃、空肠

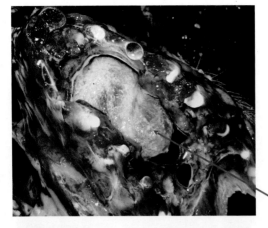

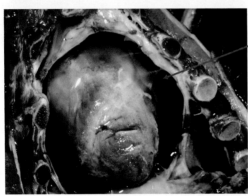

胸膜炎（绒毛心）、
胸腔积液

胸膜炎（绒毛心）、胸腔积液

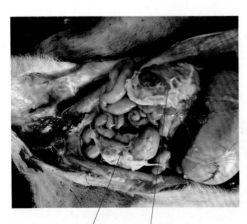

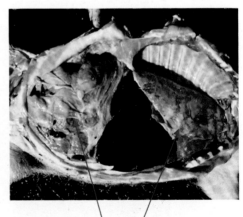

纤维素性腹膜炎　　　　　　　　　严重腹膜炎和支气管炎、肺炎

纤维素性腹膜炎、严重腹膜炎和支气管炎、肺炎

肺脏严重水肿

 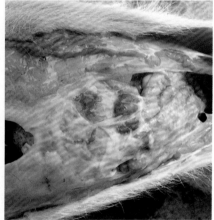

腹膜炎、胸腔积液、肝表面纤维样渗出、空胃、肠表面纤维样渗出

 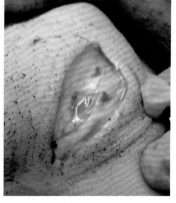

明显的跛足、关节炎，前关节肿大并有黄色胶冻纤维样渗出，后关节内有黄色黏液

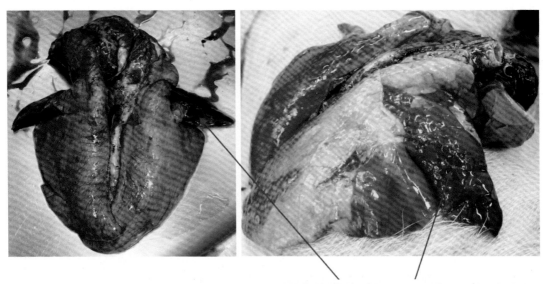

副猪嗜血杆菌感染通常伴随类似于"经典"的猪喘气病病变，两者样品都能在培养基上培养出纯的副猪嗜血杆菌

伴随猪喘气病病变的副猪嗜血杆菌感染

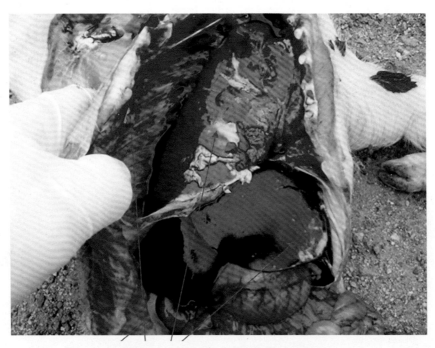

拭子最好的取样部位是浆膜表面(即使没有病变存在)或分泌物、脑脊液及心脏血

拭子取样

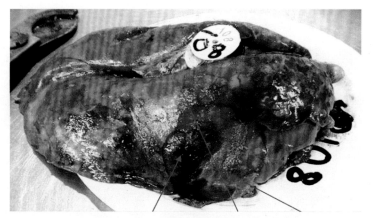

14周龄猪的胸膜肺炎放线杆菌
（请注意肺间质水肿、纤维素性胸膜炎和出血性坏死）

典型的胸膜肺炎

由多杀性巴氏杆菌引起的纤维素性支气管肺炎（没有出血性脑梗塞）

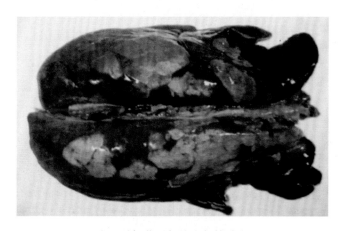

由巴氏杆菌引起的支气管肺炎

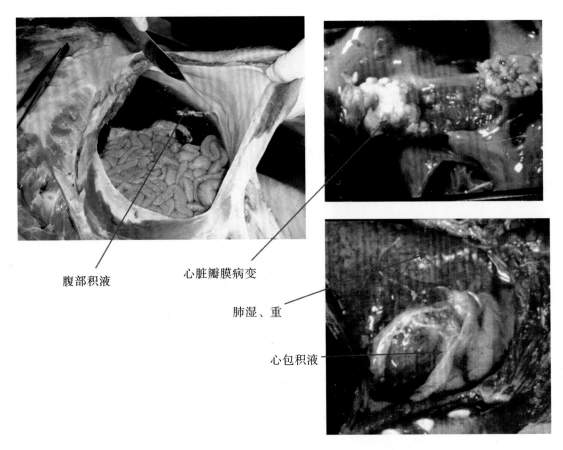

腹部积液　　　　　　心脏瓣膜病变

肺湿、重

心包积液

猪链球菌感染

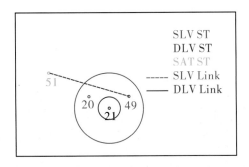

SLV ST
DLV ST
SAT ST
----- SLV Link
——— DLV Link

51
20　49
21

用中央位置（ST－21）组 2 MLST 的 Burst 表示形式图

注：红色表示单位点变异，蓝色为双位点变异，绿色为卫星。

前　言

副猪嗜血杆菌（*Haemophilus parasuis*，HPS）能引起猪的多发性纤维素性心包炎、关节炎。副猪嗜血杆菌病又被称为格拉瑟氏病（Glässer's disease）。此病于 1910 年由格拉瑟（Glässer）首次报道，现在已经成为危害养猪业生产的重要疾病之一。1943 年，人们才从发病动物体分离到细菌，并命名为猪嗜血杆菌（*Haemophilus suis*）。最初认为本菌的感染与幼猪的关节炎有关，到 1962 年才通过动物试验证明，本病原菌可以引起猪的多发性纤维素性浆膜炎、关节炎、心包炎、脑炎等。1960 年，学界认为它与猪的流感有关，将其命名为猪流感嗜血杆菌（*Haemophilus influenza suis*）。1969 年和 1976 年国际上有两个研究小组，分别证明本菌在培养生长过程中不需要 X 因子，仅依赖 V 因子，因此把它更名为副猪嗜血杆菌，这个名字一直沿用到现在。副猪嗜血杆菌实际上是一个很稀有的物种。目前，国际上把分离到的副猪嗜血杆菌菌株鉴定为 15 个血清型。研究还发现，各个国家和地区都有可能存在与流行的病原菌血清型不相同的情况，而且每年大约有 20% 的分离株不能用现有的血清分型进行鉴定，说明不断有新的血清型变异株出现。研究发现，不同血清型的菌株之间的交叉免疫保护性不强，或者无交叉保护作用，因此在免疫防治上，要使用对病原菌血清型针对性强的疫苗才能奏效。

副猪嗜血杆菌引起的格拉瑟氏病，近年来已经成为对养猪业经济效应危害较大的一种猪传染病，广泛存在和发生于全世界所有养猪的国家。特别是在现代工厂化的采用高度卫生标准的猪群中，此病往往以暴发的形式出现，发病率和死亡率均高于普通猪群。在国际上，在建立 SPF（Specific Pathogen Free）猪群时要考虑本病的清除。国外学者把本病当成现代高度健康猪群中新出现的对经济和科学影响最大的一种猪传染病，实际上，它不应该算作新的猪病，只不过是流行病学发生了一些变化而已。即由过去的散发变成了现在的群发，由过去的仔猪多发变为中猪也发病，甚至各种年龄的猪都可能发病。特别是近年来与新出现的病毒性疾病如繁殖与呼吸综合征、II 型圆环病毒混合感染，与细菌性疾病如胸膜肺炎、多杀性巴氏杆菌性肺炎等的混合感染，造成猪的死亡率更高，养猪者的损失更大。目前世界各国学者都在调查与监测本国多发的病原菌血清型，筛选免疫制苗菌株，研制针对本国多发血清型的疫苗。副猪嗜血杆菌难以分离培养与保存，这是国际上公认的事实，这对此病的防治与研究造成严重阻碍。

在我国，该病于 2001 年 5 月开始在华东地区大面积流行，造成了严重的经济损失，个别猪场由于不能及时控制该病的发生，出现严重亏损，甚至倒闭。在这次流行过程中，新发病猪群的发病率几乎达到 100%；哺乳仔猪死亡率高达 100%；保育猪死亡率为 80%；育肥猪死亡率不高，但猪群整体健康水平较差。发病较久的猪群，哺乳期间发病率较低，40 日龄前发病率较低，45 日龄后的保育猪几乎 100% 发病，而且死亡率高达 85%。当时

1

在广东省，据我们对省内部分地区猪场的调查，格拉瑟氏病的危害也比较严重，占断乳猪死亡率的30%以上，严重猪群为80%~100%。据发病猪群的防疫人员反映，药物治疗效果不理想，容易反复发作，可能是病原菌出现了抗药性的原因。在近几年全国机械化养猪协会的年会上，据现场防疫人员报告，格拉瑟氏病在我国猪群当中普遍存在，而且危害相当严重。

副猪嗜血杆菌是格拉瑟氏病的致病菌，但这种菌还引起其他临床病症，我们也可从健康猪的上呼吸道分离得到该菌。副猪嗜血杆菌分离株在表型特征（如蛋白图谱、菌落形态或荚膜产生）和致病力方面表现不同。菌株中在遗传水平上的差异也得到了证明。有几种分型方法已经应用于副猪嗜血杆菌现地分离菌株的分类，但这些方法都有分辨力和实施方面的问题。为了克服这些限制因素，对以不同DNA序列为基础的技术进行评价，本书为改善副猪嗜血杆菌分型和检测与疾病有关的菌株提供了参考性意见。

本书第一章对副猪嗜血杆菌感染的现状、诊断方法和存在的问题进行了综合介绍。第二章介绍了副猪嗜血杆菌以及其引起的疾病，从病原学、形态学、生化特征、血清型和流行血清型、流行病学、治疗方法等方面做了介绍。第三章中，为了诊断的方便，我们收集了在猪场临床观察症状和解剖格拉瑟氏病病变器官的图片，供猪场技术人员诊断时参考。第四章介绍了副猪嗜血杆菌定植的原理和系统感染，从而利用定植的方法来控制疾病。第五章用SDS-PAGE研究82个副猪嗜血杆菌的细胞外膜蛋白，说明外膜蛋白与分离株毒力的相关性。第六章中，对来自江西、广东、上海三省市的82个副猪嗜血杆菌野外分离株进行了SDS-PAGE分析，采用强毒力的野外分离株的多克隆抗血清，通过Western blotting检测对副猪嗜血杆菌外膜蛋白（Out Membrane Protein，OMP）和全细胞蛋白的免疫原性进行研究，寻找具有共同抗原决定簇的免疫原性蛋白。结果表明：免疫血清对不同来源的分离株有良好的交叉免疫反应，患病猪的分离株OMP和全细胞蛋白具有较强的免疫原性，健康猪的分离株OMP免疫原性较全细胞蛋白免疫原性弱，不同菌株的共同免疫原性蛋白为OMP中的37~40kD、28~30kD蛋白。第七章根据单位点序列分型（SLST）进行流行病学标记，评价了热休克蛋白60kD（$hsp60$）基因部分序列。我们比较了肠杆菌间重复序列ERIC-PCR图谱，即对103株副猪嗜血杆菌菌株和其他相关菌株的$hsp60$、16S rRNA基因部分序列进行了比较。在第八章、第九章中，用持家基因苹果酸脱氢酶（mdh）、6-磷酸葡萄糖脱氢酶（$6pgd$）、ATP合成酶β链（$atpD$）、3-磷酸甘油醛脱氢酶（$g3pd$）、延胡索酸还原酶（$frdB$）、蛋白质翻译起始因子IF-2（$infB$）、核糖体蛋白B亚基（$rpoB$）等的部分序列建立了多基因位点序列分型（MLST），研究包含了11个参考菌株和84~120个野外菌株。第十章是副猪嗜血杆菌诊断的比较与分析。第十一章介绍了与食品健康有关的空肠弯曲菌的流行病学和群体生物学研究。附录中提供了副猪嗜血杆菌分离株与对应的序列型和分离株的来源，提供了肠道细菌间重复序列PCR的操作方法和操作步骤，以及SLST序列分型、16S rRNA基因测序、MLST分型的方案和操作方法。

研究结果显示，$hsp60$是副猪嗜血杆菌流行病学研究最可靠的标记，序列分析比指纹方法更好。令人惊奇的是，16S rRNA基因显示出足够多的可变性，不仅可用于种的鉴定，而且可用于分型。此外，$hsp60$和16S rRNA序列呈现出相关疾病菌株存在分离世系。SLST和MLST研究表明，在副猪嗜血杆菌和放线杆菌中出现基因横向转移，使这些菌株用单基因进行系统发生分析时无效。MLST 分析显示出 6 个聚类。对分离株进行临床背景评价时，一个聚类在统计学上与鼻分离株相一致，而另一个聚类则与损伤组织分离株相一致。通过 *hsp*60 和 16S rRNA 基因分析鉴定，后一个聚类与疾病相关聚类相同。最后，虽然报道了自由重组群体结构，但用串联序列构建邻连树时发现有两个分支。用 16S rRNA 基因测序获得的结果，表明副猪嗜血杆菌比真正随机交配群体结构更有可能存在隐秘的类型。

综上所述，完成人类基因组的测序、蛋白质组学后的最大影响之一，是诞生了无数新方法、新技术，使生物学、医学（包括动物医学）都发生了革命性变化。本书介绍了近年来应用于副猪嗜血杆菌诊断和流行病学研究的分子生物学技术，如肠道细菌间重复序列技术、单位点序列分型技术、16S rRNA 基因测序技术、外膜蛋白分型技术和多基因位点序列分型技术等，可供生物学、生物化学、动物科学、动物医学，畜牧兽医、动物养殖企业等学科与机构的有关科研、教学与技术人员参考。

朱必凤

2016 年元月

目　录

第一章 导 论

概要：本书介绍了副猪嗜血杆菌野生株的基因分型多态性，以及单基因位点序列分型方法（SLST）。该方法是基于 $hsp60$ 基因的部分序列（596bp），为副猪嗜血杆菌流行病学的研究提供帮助，也使用部分 16S rRNA 基因序列（－1 400bp）对副猪嗜血杆菌进行鉴定。令人惊奇的是，我们发现，16S rRNA 基因比期望的有更多变化性，所以该基因也可用于菌株分型。我们将研究中的 ERIC-PCR 指纹图谱方法与不同方法的分辨率进行了比较，不幸的是，受到横向基因转移（LGT）干扰效应和需要更高分辨率去阐明与败血病相关世系的影响，SLST 方法的使用受到限制。第二部分工作是多位点序列分型对副猪嗜血杆菌群体结构的研究，介绍了克服这些限制开发的多位点序列分型（MLST）方法。采用来自 7 个基因位点（470～600bp）序列分型，提供了强有力的抗横向基因转移的方法，并且使用几个序列产生的典型系统发生研究去阐明分离株的远缘关系。因此，应用 100 多个副猪嗜血杆菌分离株分型可以代表不同基因分型技术的进展。重要的是，努力的结果是有了代表性菌株，具有格拉瑟氏病或没有格拉瑟氏病的农场的猪的鼻腔分离株，包括来自肺和全身部分的分离株。这些分离株一起避免了许多病原菌数据库的问题，就是它们只代表毒力分离株为主的自然群体倾向性样品（Perez-Losadaet et al.，2006）。从健康的携带猪体内分离的分离株，实际上是由许多细菌大群体组成的，这些细菌通常定居在那里，但很少致病（Enright & Spratt，1999）。本书各章中的研究所采用的详细方案可参见附录。

第一节 副猪嗜血杆菌的感染

近年来，养猪业已发生了引人注目的变化。无特异病原（SPF）猪群管理的新趋势，使包括由副猪嗜血杆菌引起的疾病在内的几种细菌性疾病的流行和严重性有所增加（Rapp-Gabrielson et al.，2006）。仔猪断奶前，不同的微生物可在猪体内定居（Pijoan & Trigo，1990），但其中一些微生物是潜在的病原体。在过去的几年，副猪嗜血杆菌、猪链球菌和猪放线杆菌开始作为养猪业特别是高度健康养殖场的重要病原出现。副猪嗜血杆菌是那些"早期定居菌群"之一，一旦条件合适，便会引起严重的后果（Pijoan et al.，1997）。而且，副猪嗜血杆菌和猪链球菌的感染被认为是猪场中两种最普遍且最花钱的疾病。事实上，术语"自源性病"已被经常用于描述这些细菌的严重影响（Mac lnnes & Desrosiers，1999）。

副猪嗜血杆菌是格拉瑟氏病的病原体。这种猪被副猪嗜血杆菌全身性感染的病，导致

1

腹腔、关节和脑膜出现纤维性炎症。细菌在浆膜表面繁殖，产生典型的化脓性多发性纤维素性蛋白浆膜炎、多发性关节炎和脑膜炎。此外，在肝脏、肾脏和脑膜也发现瘀斑或瘀血，在许多器官中也观察到纤维蛋白血栓，在血浆中测出高水平的内毒素（Amano et al.，1994）。内毒素和弥散性血管内凝血可能导致突然死亡（Amano et al.，1997）。Vahle 等人通过将先前由心包病变分离的菌株，鼻腔接种剖腹产剥夺（CDCD）初乳猪，研究了感染的最终结果（Vahle et al.，1995；1997）。感染导致：12 小时后，在鼻腔和气管发现细菌；36 小时后，在血液中发现细菌；感染 36～108 小时后，从全身组织分离出副猪嗜血杆菌（见表 1-1）。

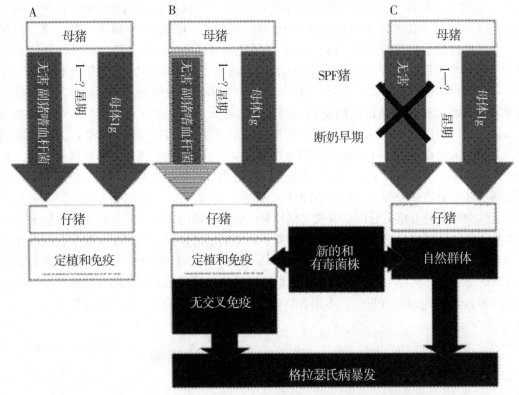

图 1-1 定植、自然免疫和格拉瑟氏病暴发之间关系的图解

注：A. 定植和免疫获得间的平衡；B. 新菌株的进入导致疫病暴发；C. 群体菌株的消灭和后续引入的毒力菌株导致疫病暴发。（Oliveira et al.，2006）

几个报道已经证明：一个猪场甚至一头猪能分离到一个以上的分离株（有的一个养猪场达到 6 个）（Oliveira et al.，2003；Smart et al.，1989）。然而，通常可接受的是单个菌株可引发一次疫病暴发，虽然有些研究证实在临床暴发中，有多于一种菌株引起的疫病暴发（Oliveira et al.，2003；Smart et al.，1993；Smart et al.，1989）。

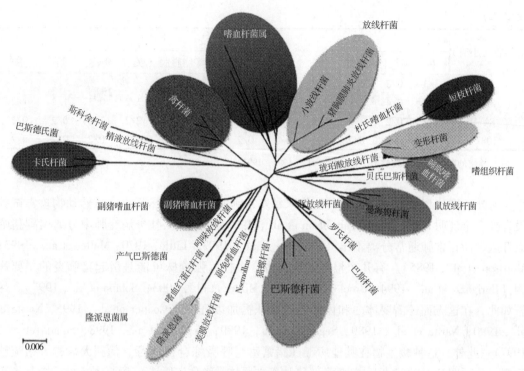

图 1 - 2 副猪嗜血杆菌 16S rRNA 基因分类

(Vahle et al. , 1995；1997)

　　格拉瑟氏病曾被认为是 1~4 个月龄的小猪由应激造成的一种传染病。在常规猪群中，小猪被母猪所传染，而小猪受到母源抗体保护，对在猪场中流行的副猪嗜血杆菌产生了天然免疫。由于从 SPF 猪群中清除这种细菌或早期断奶在母猪和小猪之间的低传播率，天然免疫全部或部分消失（见图 1 - 1）。因此，在 SPF 和高度健康状态猪群中，当母源抗体不再存在时，副猪嗜血杆菌感染可能造成严重的后果，高发病率和高死亡率将影响养猪生产的任何阶段（Baehler et al. , 1974；Menard & Moore, 1990；Nielsen & Danielsen, 1975；Smart & Miniats, 1989）。因而，不同来源的猪混群或引进新种猪到猪群中时，副猪嗜血杆菌就是主要问题。在群体中流行的菌株由于没有交叉免疫的新毒力菌株的进入可能导致疫病暴发。由此原因，一般早期断奶的猪场容易受副猪嗜血杆菌的影响。

表 1 - 1　用副猪嗜血杆菌分离株给猪接种后发现的细菌

接种后（小时）	尸检样品											
	鼻	扁桃体	气管	肺	血液	心包膜	胸膜	腹膜	关节	脑膜	肝	脾
4	3/3	0/3	2/3	0/3	0/3							
8	3/3	0/3	2/3	0/3	0/3							
12	5/5	0/5	3/4	0/5	0/5	0/2	0/2	0/2	0/2	0/2	0/2	0/2
18	3/3	0/3	3/3	0/3	0/3							

（续上表）

接种后（小时）	尸检样品											
	鼻	扁桃体	气管	肺	血液	心包膜	胸膜	腹膜	关节	脑膜	肝	脾
26	3/3	0/3	3/3	2/3	0/3							
36	3/4	0/4	1/4	1/4	3/4	0/2	1/2	1/2	1/2	0/2	1/2	1/2
84	1/2	0/2	1/2	0/2	0/2	0/2	1/2	1/2	2/2	1/2	0/2	0/2
108	0/2	0/2	0/2	0/2	0/2	0/2	0/2	0/2	0/2	0/2	0/2	0/2

注：检出的阳性动物/总动物数。（Vahle et al.，1995；1997）

另外，副猪嗜血杆菌也引起其他临床暴发，例如肺炎和突然死亡。虽然动物攻毒试验没有被完全证明有效（Rapp-Gabrielson et al.，1992），但可从肺炎病变肺中分离出副猪嗜血杆菌，而正常肺通常分离不出（Gutierrez et al.，1993；Little，1970；Moller et al.，1993；Morrison et al.，1985）。有几个报道支持副猪嗜血杆菌强毒株可能是引起猪肺炎的主要病因（Barigazzi et al.，1994；Brockmeier，2004；Moller et al.，2003；Solano et al.，1997）。尽管如此，在这方面还需要体内和体外更多的证据加以证明（Cooper et al.，1995；Narita et al.，1990；Narita et al.，1989；Segales et al.，1999；Segales et al.，1998；Solano et al.，1997）。此外，这种微生物在其他病毒（猪繁殖与呼吸综合征病毒、伪狂犬病病毒、猪流感病毒、猪呼吸道冠状病毒）或细菌（猪肺炎支原体、猪鼻支原体）病原体感染后能起到机会感染病原体的作用。

第二节　副猪嗜血杆菌的一般描述

虽然1910年格拉瑟发现猪多发性纤维素性浆膜炎与一个小的革兰氏阴性棒状杆菌存在联系（Rapp-Gabrielson et al.，2006）。1922年，Schermer 和 Ehrlich 首次分离到此病原菌（Little，1970）。然而，直到1943年，Hjarre 和 Wramby 才描述了该菌的特征并将其命名为猪嗜血杆菌（*Haemophilus suis*）。在以系统命名法确定了其为嗜血杆菌属之后，加入前缀 para 表示需要 V 因子（尼克酰胺腺嘌呤二核苷酸或尼克酰胺腺嘌呤二核苷酸磷酸），但不需要 X 因子（原卟啉IX或血红素）（Biberstein & White，1969）。

实际上，副猪嗜血杆菌是包含在 γ-变形菌纲的巴斯德菌科嗜血杆菌属中。然而，巴斯德菌科系统发育和分类命名存在问题，导致副猪嗜血杆菌的分类地位还不确定（Olsen et al.，2005）。为了说明确定巴斯德菌科内的不同单系类群存在困难，我们采用核糖体（1 000自举值）数据库项目Ⅱ（http：//rdp.cme.msu.edu.）16S rRNA 基因序列构建了新的邻接一致系统树，如图 1-2 所示。不同属内的种并不形成单系聚类，许多序列仍然为不同的分支。除了副猪嗜血杆菌外，其他依赖 NAD 的巴斯德菌科细菌也可从猪体内分离出来。根据 DNA-DNA 杂交和 16S rRNA 基因序列分析已经确定六个种猪细菌（Kielstein et al.，2001；Moller & Kilian，1990；Moller et al.，1996；Rapp-Gabrielson & Gabrielson，1992）。根据16S rRNA 基因分析，最近似乎将吲哚放线杆菌与副猪嗜血杆菌分开，实际上它们已经形成了一个称为"副猪"聚类的独立单系分支（Olsen et al.，2005）。

猪是副猪嗜血杆菌的天然寄主，该菌通常定居在猪的上呼吸道中（Bertschinger & Nicod，1970；Cu et al.，1998；Harris et al.，1969；Moller et al.，1993；Smart et al.，1989）。在常规的猪群中，副猪嗜血杆菌是一周龄猪鼻拭子采样分离最多最早的一个菌（Kott，1983）。这就表明，定居于非常小的猪体内的副猪嗜血杆菌很可能来自母猪（Oliveira et al.，2004；Pijoan，1995；Pijoan et al.，1997）。虽然已经完全证明了鼻腔和气管的定居，但对于其是否存在于扁桃体仍然有争论（Amano et al.，1994；Moller & Kilian，1990；Oliveira et al.，2001b；Rabbach，1992；Vahle et al.，1997）。

第三节 副猪嗜血杆菌的致病机制

虽然动物的免疫状态和菌株的致病力是疾病发生的重要因素，但引起全身感染的微生物和寄主因子还不清楚。在对疫病预后和防控有很大作用的菌株之间，存在着毒力差异和缺乏交叉免疫的现象。从临床资料来看，可以假设副猪嗜血杆菌毒力菌株有黏附和侵入的机制，最近几个研究已经鉴定了专一性毒力因子。有些研究专注在模仿体内环境下的基因表达（Hill et al.，2003；Melnikow et al.，2005），尽管一些不同的表达基因已被鉴定［如同源脂肪酸辅酶 A 合成酶（fadD）、二腺苷酸四磷酸酶（apaH）、半胱氨酸合成酶（cysK）、PTS 系统、亚精胺/丁二胺转运体（potD）或摄取甘油 – 3 – 磷酸（GlpT）］，但仍需要更多的扩展研究去证明副猪嗜血杆菌的这些候选基因在毒力上的确切作用。其包括铁摄取在内的基因已经鉴定，是在不同基因组区域（异羟肟酸铁摄取和转铁结合蛋白）中得到鉴定的（Bigas et al.，2006；Del Rio et al.，2005；Del Rio et al.，2006a）。

比较不同毒力菌株的蛋白图谱，把一个 37kD 蛋白鉴定为候选毒力标志，但这个蛋白的作用没有被证实（Oliveira & Pijoan，2004b；Rosner et al.，1991）。公认副猪嗜血杆菌的内毒素和脂寡糖（Zucker et al.，1994；Zucker et al.，1996）有致病作用（Amano et al.，1997）。抗脂寡糖单克隆抗体的产生和其在感染小鼠模型中的保护作用，都能证实脂寡糖在副猪嗜血杆菌致病中的作用（Tadjine et al.，2004a）。此外，该单克隆抗体具有专一性，可用作诊断试剂。后来，Vanier 等人证明毒力菌株有侵入内皮细胞的能力（Vanier et al.，2006），不过有侵入功能的这些因子还需要实验证实。另外，经过体内传代后检查到荚膜和菌毛样结构的存在，但与毒力没有明显的相关性。神经胺酸酶也被纯化并测定（Lichtensteiger & Vimr，1997；2003），90% 以上的野外分离株显示出神经胺酸酶活性，其毒力因子的作用还不清楚，因为它可能与潜在的毒力或营养限制有关。目前，已经报道了菌膜（biofilm）形成中的差异，并证明从肺和全身分离的菌株通常在体外失去形成菌膜的能力（Jin et al.，2006）。

对格拉瑟氏病的更多了解将得益于基因组序列计划、毒力鉴定和寄主趋向因子的信息，这些将成为阐明疫病的结局、易感性和传播的关键（Holmes，1999）。因此，专一性基因的重组表达以及已确定的突变子产生将明确副猪嗜血杆菌毒力的作用。

第四节　副猪嗜血杆菌感染的诊断

由于攻毒试验中证明了非毒力菌株的存在并明确了健康小猪体内副猪嗜血杆菌早期定植的问题，对格拉瑟氏病的诊断提出了挑战（Kielstein & Rapp-Gabrielson，1992）。毒力和非毒力菌株能够共存，因此重要的是评价分离株的潜在毒力，特别是在治理策略失败的情况下。不幸的是，我们对副猪嗜血杆菌的毒力因子还不清楚，只有分离部位器官给了一点毒力提示。

鉴别诊断应该包括：猪链球菌、红斑丹毒丝菌、猪放线杆菌、猪霍乱沙门氏菌昆成多福（kunzen-dorf）变种和大肠杆菌引起的败血性细菌感染。猪鼻支原体在 3 ~ 10 周龄仔猪身上将会产生同样的多发性纤维素性浆膜炎病变。

一、临床与病理学诊断

与副猪嗜血杆菌感染有关的病理学结果，包括多发性纤维素性浆膜炎、关节炎以及没有多发性纤维素性浆膜炎和支气管肺炎的败血症（Hoefling，1991）。也有个别报道认为，副猪嗜血杆菌与后备猪的急性嚼肌炎和育成猪的耳朵脂膜炎有关（Drolet et al.，2000）。

当多发性纤维素性浆膜炎和多发性关节炎的急性病变发生时，临床症状可能有高烧（达41.5℃）、严重咳嗽、腹式呼吸、关节肿胀及中枢神经感染，临床表现为侧卧、倒地划水和颤抖（Nielsen & Danielsen，1975；Solano et al.，1997；Vahle et al.，1995）。慢性感染的动物由于严重的多发性纤维素性浆膜炎和关节炎，生长速度减缓。与格拉瑟氏病有关的呼吸困难和咳嗽，与带有卡他性化脓性支气管肺炎甚至纤维素性出血性肺炎的病变肺无关（Dungworth，1993；Little，1970；Narical et al.，1994）。

二、实验室诊断

可根据猪群的发展病史、临床症状和剖检特征做出诊断，但确诊还需要细菌分离。疫病暴发的菌株分离株是最有用的，因为它可用于多种试验，如初步的抗生素敏感性、血清分型或基因分型。

（一）细菌分离株

根据对副猪嗜血杆菌的首次描述，格拉瑟氏病诊断的黄金标准仍然为从临床症状的病变猪身上分离副猪嗜血杆菌。不管是严重感染的猪还是疾病急性状期的猪，在使用抗生素治疗前，都应该进行剖检诊断。细菌分离最好的样品是拭子和有多发性纤维素性浆膜炎病例的全身性病变的体液，包括有中枢神经系统症状的脑脊髓液（Solano et al.，1997；Vahle et al.，1995）。人们对于肺分离株的意义存在争议，一些人认为副猪嗜血杆菌与肺炎有关；而另一些人则认为，存在于肺中的细菌可能是通常见于上呼吸道的副猪嗜血杆菌死后入侵的结果（Harris et al.，1969；Moller & Kilian，1990），因此肺样品不宜用于全身性感染的诊断。另外，病料应尽可能采用 Amies 运送培养基（Del Rio et al.，2003b），在冷冻条件下运到实验室。

在实验室，副猪嗜血杆菌能在营养丰富的巧克力琼脂培养基上生长，但不能在血琼脂培养基上生长。传统做法是，在血琼脂培养基上用葡萄球菌滋养，继而周围有卫星细胞生长，需要在 37℃、5% CO_2 中培养 24～72 小时。巧克力琼脂平板上的菌落是平滑的、半透明的，颜色为灰色或褐色，直径达到 0.5～2mm。有些菌株产生不同大小的菌落，但这种现象的意义还不清楚。需要液体培养时（如生物化学试验），副猪嗜血杆菌可用补充 NAD 的 BHI 或 PPLO 肉汤培养基培养。

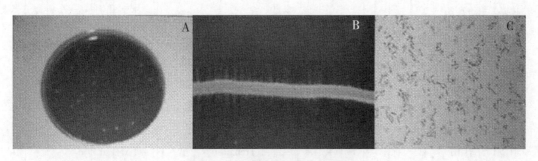

图 1-3 副猪嗜血杆菌的形态

A. 在巧克力琼脂培养基上的菌落形态；B. 葡萄球菌浸制滤纸和卫星细胞生长的副猪嗜血杆菌；C. 革兰氏染色。
（摘自 Olivera et al.，2006）

（二）副猪嗜血杆菌的鉴定：生物化学和 PCR 试验

副猪嗜血杆菌的显微特征为小的、多型的、非运动的革兰氏阴性杆菌，从单一的球杆菌到长的细丝状链都有。鉴别副猪嗜血杆菌的许多生物化学试验在以往的报道（Kielstein et al.，2001；Moller & Kilian，1990；Rapp-Gabrielson et al.，2006）中都有所分析，尽管只有很小部分是副猪嗜血杆菌的真正特征。表 1-2 为用于把副猪嗜血杆菌与其他巴斯德菌科成员（小放线杆菌、猪放线杆菌、吲哚放线杆菌、C 群和胸膜肺炎放线杆菌）区分开的生化试验。根据经验，用过氧化氢酶、吲哚产物和 β-半乳糖苷酶做试验，鉴别效果最好。引入分子方法主要是指 PCR，这是传染病诊断的一个进步，特别是针对生长很差、难培养的微生物。由于副猪嗜血杆菌生长条件要求苛刻，特异性 PCR 的开发使这种微生物的检测得到改善（Oliveira et al.，2001a）。

表 1-2 副猪嗜血杆菌区别于其他巴斯德菌科分离株的生化试验

	1	2	3	4	5	6	7		1	2	3	4	5	6	7
过氧化氢酶	+	+	−	d	+	−	+	精氨酸双脱氢酶	−	−	−	−	−	−	−
氧化酶	d	d	d	−	+	d	+	cAMP 反应	−	−	−	−	−	+	−
吲哚产物	−	+	−	−	−	−	−	D-葡萄糖产气作用	−	−	−	−	−	−	−
脲酶	−	−	+	−	−	+	+	dulciol	−	−	−	−	N	−	−

（续上表）

	1	2	3	4	5	6	7		1	2	3	4	5	6	7
α–岩藻糖苷酶	+	d	–	d	–	–	N	果糖，产酸	+	+	+	d	N	+	+
L–阿拉伯糖，产酸	–	–	–	d	+	–	+	D–半乳糖，产酸	+	+	+	d	+	+	+
菊糖，产酸	+	–	–	–	–	–	–	D–葡萄糖，产酸	+	+	+	d	+	+	+
棉籽糖，产酸	–	+	+	d	+	–	+	乳糖，产酸	d	d	+	d	–	–	+
D–核糖	+	d	–	d	+	+	N	麦芽糖，产酸	+	+	+	d	+	+	+
α–葡萄糖苷酶	–	+	d	d	–	–	N	D–甘露醇，产酸	–	d	–	d	–	+	–
亚硝酸还原作用	–	–	d	–	+	+	N	D–Manos，产酸	+	+	+	d	+	+	+
肌醇	–	–	–	d	–	–	N	L–Rhamnose	–	d	d	–	N	–	–
								水杨苷，产酸	–	–	–	–	–	–	+
硝酸还原作用	+	+	+	d	+	+	+	山梨（糖）醇	–	–	d	–	–	–	–
β–半乳糖苷酶	+	+	+	+	+	+	N	淀粉，产酸	N	d	d	d	–	–	d
碱性磷酸酶	+	+	+	d	+	+	N	蔗糖，产酸	+	+	+	+	+	+	+
H₂S 产生作用	d	+	+	d	+	+	–	Trehalose，产酸	–	–	–	–	–	–	–
鸟氨酸脱羧酶	–	–	–	–	–	–	N	D–木糖，产酸	–	d	d	d	–	+	+
七叶苷水解	–	–	–	–	–	–	–	β–葡萄糖醛酸苷酶	–	–	–	–	–	–	–
NAD 需要	+	+	+	+	+	+	+	神经氨酸酶	d	–	–	d	–	–	N
X–因子需要	–	–	–	–	–	–	–	CO₂ 改善生长	d	–	–	d	–	–	N
羊血细胞 β–溶血	–	–	–	–	–	–	–	D–（+）蜜二糖	–	d	d	d	–	–	N
赖氨酸二脱羧酶	–	–	–	–	–	–	–	γ–氨基亮氨酸	+	+	+	+	d	d	N

注：普通特征：典型菌株 1372，NCTC 4557，16S rRNA 基因序列（NCBI）M75065，革兰氏阴性，Mol%G+C=41–42 Tm。+：大于90% 阳性菌株；–：小于10% 阳性菌株；d：11%~89% 阳性菌株；N：没有试验。1：副猪嗜血杆菌；2：吲哚放线杆菌；3：小放线杆菌；4：猪放线杆菌（*A. porcinus*）；5：分类群C；6：胸膜肺炎放线杆菌；7：猪放线杆菌（*A. suis*）。

为了从 16S rRNA 基因扩增 821bp 片段，设计了 PCR 引物。PCR 灵敏度为 10^2 CFU/mL 并被证明在临床样品中有效。另外，由于健康动物上呼吸道中存在副猪嗜血杆菌，以及定居于猪上呼吸道的吲哚放线杆菌出现弱阳性反应，还要使用鼻拭子做 PCR。这两方面限制了这种 PCR 方法在动物活体中的应用。目前发展了一种套式 PCR，增加了该技术的灵敏度（Jung et al.，2004），研究人员在进行了前述的常规 PCR 之后，接着做一个内部 313bp 片段的扩增。通过这些条件，使灵敏度增加到 3CFU/mL，但特异性没有得到改善。

第五节 副猪嗜血杆菌的流行病学

细菌流行病学通常需要能够准确确认流行菌株的技术。菌株的辨别对于追踪毒力菌株、新致病菌株，监测接种策略或抗生素抗药性特别重要（Clarke，2002）。因此，菌株的鉴定被应用于全球流行病学调查。如果治疗失败或新毒力菌株已经引入，局部流行病学就应该研究涉及特指的暴发菌株或持续感染病例的菌株。全球流行病学研究，特殊菌株与其他地区或其他时间分离的菌株之间的关系，也就是不同克隆系之间的全球分布和导引全球分布决定因素之间的关系。

细菌分型有许多方法，但必须满足以下标准（Olive & Bean，1999）：种内所有细菌必须能分型，必须有很高的辨别力，可重复，不相关的菌株必须清晰辨别，同时要证明它们之间的关系。以适时的方式分析大量样品的能力也很重要，因为流行病学研究通常涉及大量病料样品。综上所述，分型技术的强与弱依赖于相对辨别力、重复性、费用和所需时间（Foxman et al.，2005）。

通过表型特征如全菌体和外膜蛋白图谱（Oliveira & Pijoan，2004a；Rapp-Gabrielson et al.，1986；Ruiz et al.，2001）、多位点酶电泳（Blackall et al.，1997）及实验感染（见表1–3）报道了副猪嗜血杆菌菌株的异质性。所以，菌株的鉴别在副猪嗜血杆菌的诊断和控制中也很重要，因为它是区别"定居者"和"引起疫病"菌株的基础。对于表现型或基因型特征与不同副猪嗜血杆菌菌株毒力之间的关系已经有广泛研究。

一、血清分型

通过血清分型已经完成了对副猪嗜血杆菌菌株的传统分类。1992 年，Kielstein & Rapp-Gabrielson 基于热稳定菌体抗原和免疫扩散确定了 15 种血清型。不幸的是，41% 的野外株不能被分型（Kielstein & Rapp-Gabrielson，1992）。

研究人员对每种血清型参考株都进行了动物感染试验，证明了毒力的差异（见表1–3）。后来，他们利用间接血细胞凝集反应改善了血清分型方法（Del Rio et al.，2003a；Tadjine et al.，2004b），但仍有 15% 的菌株不能分型（Oliveira & Pijoan，2004b）。后来的研究表明，可能存在另外的抗原多态性（Blackall et al.，1996；Blackall et al.，1997）。此外，血清分型不能为流行病学研究所需的分离株提供完全明确的分型。尽管有这些弊端，但到目前为止，血清分型仍然是最广泛应用的分型技术，并且研究人员还尝试把毒力和交叉免疫与血清型联系起来。所以，在几个国家有许多关于流行血清型的报道（见表1–4）。血清分型通常也用于帮助接种疫苗和免疫接种失败分析，但不同血清型之间的交叉保护作用不同，且难以预料。表1–5为交叉保护的结果总结。

表1-3 不同副猪嗜血杆菌在不同实验模型中的攻毒试验

菌株				攻毒				
血清型	菌株名	分离株来源	健康状况	国家	感染寄主(N)	感染途径(剂量)	疾病	参考
1	N°4	鼻	健康	日本	猪[4](3)	IN($10^6 \sim 10^{10}$CFU)	格拉瑟氏	5
					猪[4](2)	IN(1.5×10^9CFU)	格拉瑟氏	4
					豚鼠(3)	IT(10^{10}CFU)	格拉瑟氏	3
					猪[4](5)	IP(5×10^8CFU)	格拉瑟氏	2
	1225	?	?	瑞士	猪[4](3)	IP(5×10^8CFU)	格拉瑟氏	12
	野生	?	?	德国	猪[4](?)	IP(5×10^8CFU)	格拉瑟氏	1
2	SW114	鼻	健康	日本	猪[4](4)	IN(1.5×10^9CFU)	健康	4
					豚鼠(3)	IT(10^7CFU)	肺炎	3
					猪[4](3)	IP(5×10^8CFU)	多浆膜炎	2
	日本泷川118	胸膜液	多浆膜炎	日本	猪[4](14)	IP(5×10^5CFU)	多浆膜炎	13
	巴柯士A9	?	?	瑞典	猪[4](3)	IP(5×10^8CFU)	多浆膜炎	2
	野生(410、493、513、514、473、314)	?	?	德国	猪[4](?)	IP(5×10^8CFU)	多浆膜炎	1
3	SW114	鼻	健康	日本	猪[4](4)	IN(1.5×10^9CFU)	健康	4
					豚鼠(3)	IT(10^7CFU)	肺炎	3
					猪[4](3)	IP(5×10^8CFU)	健康	2
	野生(411)	?	?	德国	猪[4](?)	IP(5×10^8CFU)	健康	1
4	SW124	鼻	健康	日本	猪[4](4)	2IN(2×10^8CFU)、2CE	亚临床	7
					猪[4](6)	IN($10^6 \sim 10^{10}$CFU)	亚临床	5
					猪[4](4)	IN(1.5×10^9CFU)	健康	4
					豚鼠(3)	IT(10^9CFU)	健康	3
					猪[4](3)	IP(5×10^8CFU)	多浆膜炎	2
					猪[4](?)	IP(5×10^8CFU)	多浆膜炎	1

（续上表）

菌株				攻毒				
血清型	菌株名	分离株来源	健康状况	国家	感染寄主(N)	感染途径（剂量）	疾病	参考
5	长崎	脑膜	败血病	日本	猪⁴(4)	2IN($2×10^8$ CFU)、2CE	格拉瑟氏	7
					猪⁴(10)	IN(10^6~10^{10} CFU)	格拉瑟氏	5
					猪⁴(2)	IN($1.5×10^9$ CFU)	格拉瑟氏	4
					豚鼠(3)	IT(10^9 CFU)	格拉瑟氏	3
					猪⁴(11)	IT(10^5 CFU)	格拉瑟氏	13
					猪⁴(9)	IP($5×10^8$ CFU)	格拉瑟氏	2
					猪⁴(?)	IP($5×10^8$ CFU)	格拉瑟氏	12
	84–29755	?	?	美国	猪⁴(24)	IT($3×10^9$ CFU)	格拉瑟氏	9
					猪⁴(11)	IT($3×10^9$ CFU)	格拉瑟氏	10
					猪⁴(10)	IT(10^7 CFU)	格拉瑟氏	11
	野生(4800)	?	多浆膜炎	丹麦	猪⁴(1)	IN($1.5×10^9$ CFU)	格拉瑟氏	4
	野生(264、413)	?	?	德国	猪⁴(?)	IP($5×10^8$ CFU)	格拉瑟氏	1
6	131	鼻	健康	瑞士	猪⁴(4)	IN($1.5×10^9$ CFU)	健康	4
					豚鼠(3)	IT(10^7 CFU)	肺炎	3
					猪⁴(3)	IP($5×10^8$ CFU)	健康	2
7	174	鼻	健康	瑞士	猪⁴(4)	IN($1.5×10^9$ CFU)	健康	4
					豚鼠(3)	IT(10^9 CFU)	健康	3
8	C5	?	?	瑞典	猪⁴(3)	IP($5×10^8$ CFU)	亚临床	2
9	D74	?	?	瑞典	猪⁴(3)	IP($5×10^8$ CFU)	健康	2
	野生(553)	?	?	德国	猪(?)	IP($5×10^8$ CFU)	健康	1
10	H555	鼻	健康	德国	猪⁴(3)	IP($5×10^8$ CFU)	格拉瑟氏	2
	野生(371)	?	?	德国	猪(?)	IP($5×10^8$ CFU)	多浆膜炎	1

（续上表）

菌株					攻毒			
血清型	菌株名	分离株来源	健康状况	国家	感染寄主（N）	感染途径（剂量）	疾病	参考
11	H465	气管	肺炎	德国	猪[4]（3）	IP（5×10^8 CFU）	健康	2
	野生（428）	?		德国	猪（?）	IP（5×10^8 CFU）	健康	1
12	H425	肺	多浆膜炎	德国	猪[4]（3）	IP（5×10^8 CFU）	格拉瑟氏	2
					猪[5]（?）	IP（5×10^8 CFU）	格拉瑟氏	12
					猪（?）	IP（5×10^8 CFU）	格拉瑟氏	1
13	84 - 17975	肺	?	美国	猪[4]（3）	IP（5×10^8 CFU）	格拉瑟氏	2
	H793	?	?	德国	猪[5]（4）	IP（5×10^8 CFU）	格拉瑟氏	12
14	84 - 22113	关节	?	美国	猪[4]（3）	IP（5×10^8 CFU）	格拉瑟氏	2
	H792	?	?	德国	猪[5]（3）	IP（5×10^8 CFU）	亚临床	12
15	84 - 15995	肺	肺炎	美国	猪[4]（3）	IP（5×10^8 CFU）	多浆膜炎	2
不能分型	野生（505、512）	?	?	德国	猪（?）	IP（5×10^8 CFU）	多浆膜炎	1
不能分型	野生	胸包膜		美国	猪[1]（23）	IP（1.4×10^8 CFU）	多浆膜炎	8
	野生	胸包膜		美国	猪[1]（8）	IP（2×10^8 CFU）	多浆膜炎	6

注：IN：鼻腔内；IT：气管内；IP：腹腔内；CE：接触；?：未知。

上标1：剖腹产免吃初乳猪；

上标2：免吃初乳，常规哺乳猪；

上标3：自然分娩，人工喂养猪；

上标4：SPF猪；

上标5：血检阴性猪。

1. Kielstein et al., 1990, 11th IPVS.

2. Kielstein et al., 1992, *J Clin Microbiol* (30)：p. 862.

3. Rapp-Gabrielson et al., 1992, *Am J Vet Res* (53)：p. 987.

4. Nielsen et al., 1993, *Acta Vet Scand* (34)：p. 193.

5. Amano et al., 1994, *J Vet Med Sci* (56)：p. 639.

6. Vahle et al., 1995, *J Vet Diagn Invest* (7)：p. 476.

7. Amano et al., 1996, *J Vet Med Sci* (58)：p. 559.

8. straw et al., 2006, 9th Ames, IA：Wiley-Blackwell.

9. Bakos et al., 1955, D. V. M. dissertation. University of Stockholm, Sweden. （In German）

10. Oliveira et al., 2003, *Am J Vet Res*, 64（4）：pp. 435 – 442.

11. Baehler et al., 1974, Schweiz. Arch. Tierheilked. 116：pp. 183 – 188.（In French）

12. Rapp-Gabrielson et al., *Am J Vet Res*, in press.

13. Morozumi et al., 1986, *JClin. Microbiol*, 23：pp. 1022 – 1025.

表 1 – 4　不同国家流行的血清型

年份	国家(N)	方法	血清型																参考
			1	2	3	4	5	6	7	8	9	10	11	12	13	14	15	NT	
2002—2004	中国(281)	IHA + IMD	<0.1	2.5		24.2	19.2	<0.1	2.1		<0.1	<0.1	1.8	6.8	12.5	7.1	2.5	12.1	1
2005	澳大利亚(72)、中国(9)	IHA + IMD	1.2	1.2	1.2	25.9	17.3							2.5	3.7	1.2		25.9	2
2000	澳大利亚(46)	IMD		4.3		2.2	39.1							4.3	8.7			41.3	3
1989—1992	澳大利亚(31)	IMD	3.2	3.2		12.9	22.6				6.5			3.2	19.3			29.0	4
1991—2002	加拿大(250)、美国(50)	IMD	3.0	8.0	1.0	27.0	15.0		11.0		1.0			8.0	13.0	3.0		10.0	5
1999—2001	美国(98)	IMD	7.1	4.1	8.2	38.8	2.0		2.0					7.1	1.0	3.1		26.5	6
1982—1990	加拿大(108)、美国(120)、澳大利亚(10)、巴西(5)	IMD	2.1	8.3	1.2	16.1	24.3	0.4	3.7		1.2		0.8	6.6	11.1	8.6	0.4	15.2	7
1998—2002	丹麦(103)	IHA + IMD	1.0	2.0		14.0	36.0	2.0	3.0		2.0			3.0	22.0	1.0	2.0	15.0	8

（续上表）

年份	国家(N)	方法	1	2	3	4	5	6	7	8	9	10	11	12	13	14	15	NT	参考
2003	匈牙利、罗马尼亚、塞尔维亚(总903)	IMD	<0.1	11.5		8.2	30.5						<0.1	<0.1		<0.1	14.3	30.1	9
1998—2002	西班牙(67)	IHA	6.0	4.0	2.0	13.0	15.0	1.0	7.0		2.0			6.0	2.0	1.0	2.0	9.0	10
1993—1997	西班牙(174)	IHA	2.8	9.2		16.0	18.4	2.3	4.0	0.6	1.7	0.6	1.2	2.9	8.0	2.9		29.3	11
1987—1991	德国(290)	IHA	4.1	5.5	1.4	17.2	23.8	1.7	2.1		4.1	2.4	2.4	2.8	4.5	1.7	0.7	26.2	12

注：1：Cai et al.，2005；2：Turmi et al.，2005；3：Rafiee et al.，2000；4：Blackall et al.，1996；5：Tadjine et al.，2004；6：Oliveira et al.，2003；7：Rapp-Gabrielson et al.，1992；8：Angen et al.，2004；9：Docic et al.，2004；10：Del Rio et al.，2003a；11：Rubies et al.，1999；12：Kielstein et al.，1992.

二、基因分型

利用表型特征来分型可能存在分型能力不强的问题。为了克服限制，目前已发展了几种基于 DNA 的分型方法。所有适用技术的简短描述和总结见表 1－6。将分子技术应用于流行病学研究是一种进步，因为分子技术可及时对每个分离株进行明确鉴定。然而，分子技术还不能直接提供功能信息，必须利用互补数据把基因分型与免疫学或毒力特征联系起来，通过指纹图谱或测序方法来实现基因分型（见表 1－6）。指纹图谱（或电泳谱带）可以从细菌整个基因组或单个基因中获得。在全基因组技术中，谱带是用限制性内切酶消化基因组 DNA 或用针对基因组位点的引物进行 PCR 扩增而产生的（Foxman et al.，2005）。获得整个基因组的代表基因的可能性是该方法的最关键点。实际上，用单基因做细菌鉴定存在严重问题，原因是在高度重组率中可能产生误导性结果。单个基因图谱通常使用一个初步的基因特异性的 PCR，随后用限制性内切酶消化扩增产物，只反映单个位点的突变；完整基因组图谱主要是通过基因组重排而产生，意味着变化的基因元素（Gurtler & Mayall，2001）。显然，所有的分型技术必须有足够量的菌株来验证它们的分辨水平。

虽然副猪嗜血杆菌基因组序列的信息是有限的且改进诊断和控制工具的方法很复杂，但有几个研究小组试图通过下列基因分型技术提高对野外菌株的辨识能力。

表1-5 接种和对同源/异源血清型攻毒的保护

疫苗		攻毒			疾病	参考
菌株（SV）	佐剂	菌株（SV）	剂量（CFU）	途径		
4800（5）	Diluvac Forte	1225（1）	5×10^8	腹腔注射	次要症状	Bak et al., 2002, *Vet*
4800（5）		长崎（5）			保护	*Red*, 151（17）: pp. 502-505.
4800（5）		H425（12）			保护	
4800（5）		H793（13）			保护	
4800（5）		H7932（14）			保护	
泷川188（2）	氢氧化铝凝胶	长崎（5）	1×10^5	腹腔注射	不保护	Takahashi et al., 2001,
长崎（5）		泷川188（2）			不保护	*J Vet Med Sci*, 63（5）: pp. 487-491.
（4）	?	5（5）	?	腹腔注射	保护	Rapp-Gabrielson et al.,
（5）					不保护	1997, *Vet Med January*,
（4）+（5）					不保护	92, pp. 83-89.
（4）+（5）					不保护	
（4）+（5）					次要症状	
（4）+（5）					次要症状	
（4）+（5）					不保护	
12a（12）					不保护	
V1（?）	氢氧化铝凝胶	V2（?）	1×10^9	喷雾	保护	Miniats et al., 1991,
V2（2）		V1（?）			保护	*Can J Vet Res*,
LV（?）		V1（?）			不保护	55（1）: pp. 37-41.
LV（?）		V2（?）			不保护	

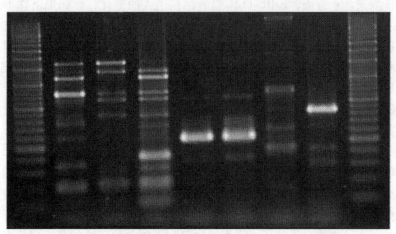

图1-4 不同副猪嗜血杆菌菌株的 ERIC-PCR 指纹图谱

（一）限制性内切酶图谱（REP）

Smart 等（1988）首先研究了副猪嗜血杆菌的 DNA 分型技术。该技术是用限制性内切酶消化高纯度基因组 DNA，随后用聚丙烯酰胺凝胶电泳（SDS-PAGE）进行片段分析。总的来说，利用限制性内切酶的多态性，可以把 69 个分离株鉴定为 24 个基因型。因此，可以利用这种方法鉴定来自同一个猪场的不同分离菌株（每场 2~4 个），甚至是来自同一个动物的不同分离菌株（Smart et al.，1988；Smart et al.，1993；Smart et al.，1989）。与 SPF 猪群比较，常规猪群中存在更多的副猪嗜血杆菌菌株的异质群。有趣的是，从患病动物全身部位分离的菌株与存在于健康动物上呼吸道的分离株不同。同样的技术可用于评价格拉瑟氏病暴发中接种疫苗失败（Smart et al.，1993），发现鼻分离株和罹病动物分离株与所用的商业菌苗不同。众所周知，副猪嗜血杆菌菌株之间缺乏交叉保护作用，因此可用自家苗来控制疫病暴发（Smart & Miniats，1989；Smart et al.，1988；Smart et al.，1993；Smart et al.，1989）。

（二）肠杆菌科基因间重复一致序列 ERIC-PCR

重复成分多态性 ERIC-PCR 分型方法，是基于不同种类细菌基因组重复 DNA 成分的存在而产生的（Versalovic & Lupski，2002）。这些序列用于设计 PCR 扩增的引物，因此在同一反应中产生不同大小的扩增子。研究人员已经测定了几套重复成分并在不同细菌基因组——REP、BOX 和 ERIC 中应用（Versalovic et al.，1991）。

2000 年，Rafiee 等人用两个引物直接针对肠杆菌科基因间重复一致序列的引物生成了副猪嗜血杆菌菌株的谱带（Rafiee et al.，2000），建立了 ERIC 引物的优化条件并扩增了副猪嗜血杆菌菌株 DNA，生成随机谱带（如图 1 - 4 所示）。该技术使用靶向在非编码区的重复序列的引物，并产生非编码区之间序列的扩增（Versalovic et al.，1991）。图谱的产生主要是由于不同易变成分的删除和插入及基因组的重排而导致。

ERIC-PCR 特别适合疫病暴发研究，因为它快速、低消耗，并能给出感染源的证据和所涉及的菌株数量。一方面，ERIC-PCR 图谱存在很大的变化，而如果菌株不是密切相关的话，菌株之间关系的建立将复杂化。此外，ERIC-PCR 结果重复性和可移植性差，使各实验室之间很难共享该信息。另一方面，ERIC-PCR 比 REP 更方便，因为 REP 图谱相当复杂（达到 100 个条带），并且操作要求很高。ERIC-PCR 已经应用于几个地方流行病学研究（Oliveira et al.，2003；Ruiz et al.，2001）。研究人员用 ERIC-PCR 报道了 98 个分离株所分出的 34 个基因型。这些研究证实了 REP 以前的结果和确定了养猪场疫病暴发中的全身分离株有一个共同起源（Blackall et al.，1997；Del Rio et al.，2003a；Kielstein & Rapp-Gabrielson，1992；Tadjine et al.，2004b）。有趣的是，来自全身分离株的图谱提示一个克隆起源，并与其他非全身分离株或参考菌株不同。该方法也证明引起临床暴发的菌株很少，其指纹图谱很少在上呼吸道的分离株中发现。相反，还建立了全身分离株与肺炎部位分离株的 ERIC 图谱的关系。进而，该方法证明了 REP 和血清分型报道的副猪嗜血杆菌的高度异质性。有趣的是，该方法也描述了血清型组内部和不能分型菌株的高度遗传多样性，发现 ERIC-PCR 图谱是一个合理的血清型预报器。

（三）限制片段长度多态性 RFLP-PCR

目前，几种限制片段长度多态性 RFLP-PCR 试验方案被研发出来。这些技术针对特异基因的扩增以及接下来的用限制性内切酶消化，然后用琼脂糖电泳分析扩增的片段。该策略的主要优势是，如果 PCR 是种特异性的，则不需要预先进行细菌分离，该技术可直接用临床样品操作。进而，由于采用高度严格条件，RFLP-PCR 比 ERIC-PCR 的重复性更好。研究人员已研发出三种鉴定副猪嗜血杆菌的 RFLP-PCR 方法。选择的基因是转铁蛋白结合蛋白 A (*tbpA*)、16S rRNA 基因 (Lin, 2003) 和 5 – 烯醇式丙酮酸莽草酸酯 – 3 – 磷酸合成酶 (*aroA*) (Del Rio et al., 2006a)。应用 *tbpA* 的 RFLP-PCR，在 101 个临床分离菌中确定了 33 个基因型，*tbpA* 和 16S rRNA 基因的 RFLP-PCR 方案再一次证明了副猪嗜血杆菌的高度异质性，并且基因型和血清型之间缺乏明确的相关性。另外，一些不同的血清型用 RFLP 技术难以区别。*aroA* RFLP-PCR 采用的是能扩增副猪嗜血杆菌和放线杆菌属中几个成员这种 *aroA* 基因的非种特异性 PCR，因此说用这种基因分型技术用做分离和鉴定很有必要。奇怪的是，一些副猪嗜血杆菌的参考菌株与胸膜肺炎放线杆菌参考菌株有共同的 RFLP 图谱。虽然该发现的原因还没有被讨论，但发生横向基因转移这一因素则不能不考虑。

（四）电泳图谱分析

为了从指纹资料中获得不同分离株关系的信息，通常要构建树枝型结构连接图。为达到此目的，发展了特殊算法和非常适用且非常复杂的软件及学科［应用数学、生物实验海量数据分析与管理平台 (BioNumerics)、Bio-Rad、生物系统学、媒体分析软件、扫描学 (scanalytics) 等］。分析前，需要创建数码图像以便进行条带和不同图谱的比较。基于每个指纹对之间条带的存在（或缺失）可构建距离配对矩阵。有学者已经提出了计算这些距离的许多算法 (Van Ooyen, 2001)，算法基于谱带的存在或强度来进行。通常推荐用 Pearson 相关作用构建矩阵，用 UPGMA 构建重系统树图 (Van Ooyen, 2001)，虽然后者不能测定零长度分支。几乎所有的软件都包括了不同凝胶之间优化对比的标准化模型。凝胶之间的不同使这些对比低于最优，成为一个重要的陷阱。

至今为副猪嗜血杆菌研发的所有分型技术都是根据条带大小进行图谱比较，尽管最近的研究已经增强了这些技术的可重复性，但它们仍然没有避开这样的事实，即产生的数据很难共享和在全球进行比较 (Clarke, 2002)。另外，基因型已经与副猪嗜血杆菌毒力形成间接联系，因为在呼吸道分离株中难以见到全身病变分离的基因型。不过指纹图谱法几乎不用于全球流行病学的研究，因为它们不方便，也很少提供聚类之间关系的信息。因此，需要有利于全球研究的改进的分型方法。测序的方法可能是最好的选择。此外，色谱容易在实验室之间共享，DNA 序列的系统发育分析提供了一个阐明菌株间距离关系的适宜框架 (Hal & Barlow, 2006)。虽然科学家们扩增了副猪嗜血杆菌的几个保守基因并应用于分类学研究中 (Christensen et al., 2004)，但还没有在基因分型上对它们进行评价。

概括地说，控制疫病需要更好地了解不同菌株和潜在毒力或保护免疫之间的关系，因为副猪嗜血杆菌菌株在表现型和基因型特征上的不同，更重要的是在毒力方面。此外，已证明从健康猪上呼吸道分离的菌株不同于罹病猪全身致病分离株。所以，我们的假设是能在基因组水平上反映出致病力差异：不同临床起源菌株的遗传背景足以用适当技术进行鉴别。

表1-6　常见细菌分型技术提供的基因组分散或聚集的信息比较

分型技术	相关分辨力	重复性	再现性	在基因组中的分散或聚集*	培养需要的天数	相对成本**	备注
全基因组序列	高	高	高	全基因组	几个月到几年	非常高	
对含有基因序列芯片的杂交对比	高	中到高	中到高	分散	几个星期到几个月	高	芯片日益适应于人类病理研究；不是所有的基因都存在于测序菌株中
一个或更多遗传区域直接测序	中到高（依赖基因选择）	高	高	如果只有一个区域就聚集	2~3	设备：中到高；劳力和耗材：高	靶基因的选择可能耗时
多位点测序分型（MLST）	中到高（依赖基因选择）	高	高	分散	3+	设备：中到高；劳力和耗材：高	靶基因的选择可能耗时；种特异性
双重分型（所选基因在基因组存在/缺失）	中到高（依赖基因选择）	高	高潜力	分散	2~3	设备：中；劳力和耗材：中	相当依赖DNA的产量和纯度
脉冲场凝胶电泳（PFGE）	中到高（依赖谱带获得的数量）	中到高（依赖菌种）	中到高	分散	3	设备：高；劳力和耗材：高	分辨力依赖分型和选择酶的量
限制性片段长度多态性（RFLP）	中到高（根据获得谱带数量）	中到高	中	分散	1~3	中	

（续上表）

分型技术	相关分辨力	重复性	再现性	在基因组中的分散或聚集[*]	培养需要的天数	相对成本[**]	备注
对病原菌具有专一性的信号靶基因的扩增	中到高（依赖基因选择）	高	中到高	聚集	< 1	设备：低到中；劳力和耗材：低	
长片段多态性（AFLP）	中到高	高	中到高	分散	2	设备：低到中；劳力和耗材：低	
自动核糖体基因分型	中	高	高	聚集	1	设备：高；劳力和耗材：高	对大多数菌株有用
核糖体 RNA 凝胶电泳	中	高	高	聚集	1	设备：低；劳力和耗材：中	
靶向已知重复基因序列［肠道菌重复序列（ERICO）、基因外重复回文系列（REP）、双重复成分（DRE）、BOX、插入序列（IS）、多态性富 GC 重复序列（PGRS）］	低到中	中	低	一般分散	1	设备：低到中；劳力和耗材：低	图谱随所用设备而变化
随机引物［随机扩增多态性 DNA（RAPD）、人工引物 PCR（AP-PCR）］	低到中	低	低	分散	1	设备：低到中；劳力和耗材：低	图谱随所用设备而变化

（续上表）

分型技术	相关分辨力	重复性	再现性	在基因组中的分散或聚集*	培养需要的天数	相对成本**	备注
限制性内切酶单产物扩增	低到中（依赖扩增子）	高	高	聚集	1~2	设备：低到中；劳力和耗材：低	
质粒图谱	低	高	中	聚集	1	设备：低到中；劳力和耗材：低	

注：*聚集：符合单基因位点；分散：代表多基因位点。

** 每个分离株在 2005 年所花的美元，假设所有设备能用，研究者接近自动测序，那么 PCR 反应约 5 美元，PFGE约 20 美元，MLST 约 140 美元，比较杂交为 1 000~2 000 美元，总基因测序（假设菌株已经测序）为 100 000~500 000美元。这些技术的详细内容和综述以及重复性和再现性评价，见 Tenover，1997；Gurtler & Mayall，2001；Van-Belkun，2003。一般来说，基于序列方法的重复性和再现性好，基于凝胶方法的较差，是由于固有的偏差。

　　本书所进行的研究，其主要目的是发展具有足够分辨能力且实验室间易共享的分型方法，用于区分不同临床症状的副猪嗜血杆菌亚群，以及基因分型方面满足哪些需要，特别是基于测序技术的需要。所以，我们的目的是：采用 $hsp60$ 基因的部分序列，为不同临床背景下的副猪嗜血杆菌分类建立适用的单基因位点分型方法；为不同临床背景下的副猪嗜血杆菌菌株的精细流行病学研究开发多位点序列分型方法；研究特异基因组聚类和菌株毒力之间的相互关系。

第二章 副猪嗜血杆菌和猪格拉瑟氏病

概要： 副猪嗜血杆菌是猪上呼吸道的常见附属菌群，一些菌株是毒株。引起临床疾病的副猪嗜血杆菌的致病因子还没有确定。目前学者们描述了 15 个副猪嗜血杆菌血清型，个别血清型毒力不同，认为毒力的差异在每个血清型中都存在。毒力株可能作为肺炎的第二种微生物，引起没有多发性纤维素性浆膜炎的败血症或引起具有多发性纤维素性浆膜炎、心包炎、关节炎和脑膜炎特征的格拉瑟氏病。这些病的临床特征是高度可变的。因此，培养测定致病菌，特别是来自脑、关节的致病菌是非常重要的诊断手段。副猪嗜血杆菌引起的疾病可以用抗生素治疗，然而，口服和胃肠外投药需要很大剂量。临产前的母猪和断奶后的仔猪可以用商品疫苗或自家苗进行免疫预防。最有效的方法是利用动物中枢神经系统病灶的分离株制备自家苗。从关节和全身感染部位回收的分离株不适宜做自家苗。同时，从肺部回收的分离株由于异质问题也根本不适宜做自家苗。本章总结了关于副猪嗜血杆菌的特征和诊断的现有知识，描述了该病原菌引起疾病的过程和发展，指出了该病治疗、预防和控制的可能性。

目前，副猪嗜血杆菌引起的猪的感染已经成为世界性的感染。这些感染所导致的结果是：经济损失（昂贵的抗生素治疗费用）和严重罹病动物的大量死亡。副猪嗜血杆菌在无特定病原（SPF）养猪场的感染情况特别严重，在高度健康状态养猪场的暴发伴随高发病率和高死亡率特征。副猪嗜血杆菌出现在常规猪场的呼吸综合征中。副猪嗜血杆菌引起的格拉瑟氏病的症状为多发性纤维素性浆膜炎、多发性关节炎和脑膜炎或没有多发性纤维素性浆膜炎的严重肺炎以及严重的败血症。副猪嗜血杆菌内毒素引起猪弥散性血管内凝血，导致不同组织中形成微血栓。通常可从鼻腔、扁桃腺和上呼吸道中分离出副猪嗜血杆菌。

第一节 病原学表现

1910 年，格拉瑟首次描述了来自纤维素性胸膜炎、心包炎、腹膜炎、关节炎和脑膜炎的猪血浆渗出液中的革兰氏阴性细菌。然而，1922 年第一次分离出这种微生物的人是 Schermer 和 Ehrlich。

根据原有的生化特性，需要 X 和 V 生长因子的猪嗜血杆菌（*Haemophilus suis*），早期被认为是格拉瑟氏病的致病菌。然而，Biberstein 和 White（1969）证明了格拉瑟氏病的致病菌只依赖 NAD。根据嗜血杆菌属的系统命名法，学者们用不需要补给 X 因子的微生物加前缀 "para" 的方法（Biberstein & White，1969），提出了一个新种——副猪嗜血杆菌。

一、副猪嗜血杆菌形态学表现

副猪嗜血杆菌是巴斯德菌科嗜血杆菌属的革兰氏阴性、不能运动的多型性细菌。无荚膜菌株有杆状或纤维状的不同结构。1986 年，Morozumi 和 Nicolet 用热抽提、电泳和赛太佛伦（十六烷基三甲基色氨酸溴化物）分离方法发现荚膜物质是由各种多糖结构形成的。副猪嗜血杆菌荚膜菌株在显微镜下类似于革兰氏阴性球杆菌，但如果在鸡胚尿囊绒毛膜中培养，它们能形成菌毛和菌毛样结构（Munch et al.，1992）。

二、培养和生化特性

该菌培养时应使用 V 生长因子丰富（含有 NAD 的巧克力琼脂、Levinthal 琼脂和 PPLO 琼脂）的培养基（Nicolet，1992）。血琼脂上在葡萄球菌周围生长的不引起溶血的副猪嗜血杆菌的特性是：尿酶阴性，氧化酶阴性，过氧化氢酶阳性，还原硝酸盐，不产生吲哚，引起葡萄糖、半乳糖、甘露糖、果糖、蔗糖和麦芽糖发酵（Kielstein et al.，2001）。

在猪的呼吸道可获得其他 NAD 依赖、非溶血和尿酶阴性的分离株。这些分离株以前作为嗜血杆菌分类的"小菌群"，暂时定为 C、D、E 和 F 类。因此，基于许多生化分析的详细数据，这些分离株可区分副猪嗜血杆菌。D、E 和 F 类构成猪上呼吸道的普通小类，但它们也可从肺组织（Rapp-Gabrielson & Gabrielson，1992；Moller et al.，1993）或脑组织（Rapp-Gabrielson & Gabrielson，1992；Blackall et al.，1994）中分离得到。Moller 等（1993）根据 DNA 异质性的研究表明，D、E 类属于一个种，这两类可合并为一类。Moller 等后来的研究提出了三个新种，相当于"小菌群"即 D 加 E 和 F 类。这些新种被分别命名为小放线杆菌（*Actinobacillus minor*）、猪放线杆菌（*Actinobacillus porcinus*）和吲哚放线杆菌（*Actinobacillus indolicus*）。来自呼吸道依赖 V 因子的所有细菌 16S rRNA 序列的对比证明大多数副猪嗜血杆菌都与吲哚放线杆菌（F 类）有关，相似程度为 97.4% ~ 97.7%（Moller et al.，1996）。这两个种之间存在很小差异。实际上，他们认为吲哚放线杆菌可以产生衍生酸吲哚和发酵棉籽糖（Kielstein，2001）。

三、副猪嗜血杆菌血清型

根据血清分型研究证明在副猪嗜血杆菌菌株中存在高抗原异质性。Bakos 等（1952）根据沉淀试验描述副猪嗜血杆菌存在四种血清型（A ~ D）。之后，Morozumi 和 Nicolet（1986b）确定了 7 种血清型（1 ~ 7），Kielstein et al.（1991）又加了另外 6 个血清型（Jena 6 ~ Jena 12），Kielstein 和 Rapp-Gabrielson（1992）鉴定增加了 5 个血清型（ND1-ND5）。基于用兔特异抗血清进行的免疫扩散试验，Kielstein 和 Rapp-Gabrielson（1992）提出了副猪嗜血杆菌血清型的新分类方法。以前的血清型 1 ~ 7 的分类仍然保留。Jena 和 ND 确定为 8 ~ 15。已经确定的 15 种副猪嗜血杆菌血清型（1 ~ 15）目前被全世界所接受。然而，必须说明的是，有大量的副猪嗜血杆菌还不能被分型（Kielstein & Rapp-Gabrielson，1992）。

四、流行的血清型

全世界有许多国家开展了鉴定血清型的研究。日本（Morikoshi et al.，1990）、德国（Kielstein & Rapp-Gabrielson，1992）、美国（Gabrielson，1992）、西班牙（Rubies et al.，1999）、加拿大（Tadjine et al.，2004）流行的优势菌是血清型4，副猪嗜血杆菌分离株出现高频率的是血清型5。澳大利亚（Blackall et al.，1996，1997；Rafiee & Blackall，2000）和丹麦（Angen et al.，2004）流行血清型5和13。蔡旭旺等（2005）对中国的感染病例进行调查发现，在我国主要以血清型4与5最为流行。

五、毒力和毒力因子

副猪嗜血杆菌的毒力因子迄今还没有搞清。特定血清型菌群的微生物分离通常被认定为毒力的指示器。用血清型1、5、10、12、13和14感染SPF猪腹腔4天会导致很高的发病率和死亡率。因此，这些菌株被认为具有高毒力。引起但没有死亡的多发性浆膜炎的血清型2、4和15被认为具有中性毒力。不引起任何临床症状的剩余的血清型3、6、7、8、9和11被认为无毒力（Kielstein & Rapp-Gabrielson，1992；Amano et al.，1994）。北美洲血清型的先前调查表明，来自全身部位潜在致病分离株血清型是1、2、4、5、12、13和14或不能分型菌株。血清型3和不能分型分离株是在健康动物上呼吸道中流行的（Oliveira et al.，2003）。

定植在上呼吸道的巴斯德菌属的其他重要毒力因子包括：荚膜、菌毛、脂多糖（LPS）、外膜蛋白（OMP）（Biberstein，1990）。然而，人们对于这些因子的表达和副猪嗜血杆菌毒力之间的相关性还有疑问。

通过实验感染，一些学者研究了荚膜与副猪嗜血杆菌毒力之间的潜在相关性。Little和Harding（1971），Morozumi和Nicolet（1986a）证明，有荚膜菌株存在于健康猪鼻腔分离株中，而在病理材料分离株中，无荚膜菌株有更高的出现频率。Munch等（1992）证明副猪嗜血杆菌能够形成菌毛样结构，但它们在毒力方面的作用还不清楚。

另一些重要的毒力因子可能是LPS。然而，Zucker等（1996）没有发现副猪嗜血杆菌毒株和无毒菌株之间LPS的明显差异。同样，Miniats等（1991b）发现用含有LPS和OMP抗原的细菌接种动物，只有OMP抗体保护攻毒。这些事实表明，LPS不是副猪嗜血杆菌的主要毒力因子。LPS的作用，由Amano等（1997）后来研究发现，将副猪嗜血杆菌血清型5灌注于动物循环血中，存在的抗LPS抗体与血栓症和分布在血管内的凝结物有关。此外，众所周知，像其他革兰氏阴性菌一样，副猪嗜血杆菌LPS起着内毒素样活性作用（Raetz & Whitfield，2002）。

有学者用SDS-PAGE鉴别了两个不同的OMP类型——生物型Ⅰ和生物型Ⅱ（Nicolet et al.，1980；Morozumi & Nicolet，1986a；Ruiz et al.，2001）。健康猪鼻黏膜分离株代表生物型Ⅰ，其蛋白分子量为68 kD和23~40 kD。格拉瑟氏病通常是生物型Ⅱ，其特征是优势蛋白分子量大约为37kD。这些结果由副猪嗜血杆菌全细胞计算机分析得以证实（Oliveira & Pijoan，2004a）。

　　副猪嗜血杆菌另一个潜在的毒力因子是神经氨酸酶。Lichtensteiger 和 Vimr（1997）发现多于 90% 的田间副猪嗜血杆菌分离株产生神经氨酸酶。这种酶在微生物生长对数期末期表达。定植或侵入寄主细胞的受体可能通过神经氨酸酶的活性来显露。降低黏液素的黏度也影响寄主的防御系统（Corfield，1990；Lichtensteiger & Vimr，1997）。

　　对于包含毒力的副猪嗜血杆菌特异毒素的产生还没有相关报道。副猪嗜血杆菌产生毒素的基因与胸膜肺炎放线杆菌 RTX（Apx）毒素有关（Schaller et al.，2000）。

　　Blackall 等（1997）试图利用多基因位点酶电泳（MEE）技术测定全身和呼吸道副猪嗜血杆菌分离株之间的差异。在分离株中显示出很多差别。此外，他们还发现相同血清型分离株也有很大差异，并确定了两个主要的 MEE 群，但没有发现分类部位和 MEE 之间的相关性。

　　Hill 等（2003）用差异显示 RT-PCR 研究了副猪嗜血杆菌 1185（血清型 5）毒力株。在模仿急性病 40℃ 条件培养生长中识别了七个基因的表达，这些基因与 *fadD*（脂酰 – CoA 合成酶）、*apaH*（二腺苷四磷酸）、*pstI*（磷酸转移酶系统的酶）、*cysK*（半胱氨酸合成酶）、*StD*（依赖 Na$^+$、Cl$^-$ 的离子转移体）、*HSPG*（哺乳动物特异基底膜肝磷酸硫酸核心蛋白前体）和 *PntB*（嘧啶核苷酸转氢酶）同源。在 15 种血清型的副猪嗜血杆菌中发现了同样基因片段的表达。对于副猪嗜血杆菌毒力因子的评价还需要更详细的研究分析。

第二节　分子分型

　　研究病原菌流行病学对于疾病的防治具有重要意义，然而，病原菌通常有较多种系遗传变异，因此对病原菌的鉴定和分型就变得更为迫切，并可以此精确确定其流行病学的特征和含义。传统的血清分型法只能将 HPS 分为 15 个血清型（国际公认的血清分型标准菌株），但还有 20% 以上的分离株不能进行分型。目前已经建立了几种 HPS 的基因分型方法，这些方法灵敏度高，操作简单，为 HPS 流行病学研究、菌株鉴定，以及了解散发及流行规律、致病机制等方面提供了有力的研究手段。

一、REF 分型法

　　Smart 等运用限制性核酸内切酶指纹（Restriction Endonuclease Fingerprinting，REF）技术研究 HPS 在无特殊病原体（SPF）猪群和常规饲养猪群中的流行与分布，发现大多 SPF 猪带有相同 REF 指纹，而常规饲养猪带菌的 REF 指纹则存在很大差异，仅有一个菌株为所有试验猪所共有。在感染了地方性动物传染病的猪群中，患病猪系统组织的 HPS 分离株的 REF 指纹相似程度很高，但与同群健康猪鼻腔分离株指纹不同。Nonie 等也报道了相似的结果。这些研究显示，HPS 的致病性可能与其在动物体内植居的部位有关，尽管尚未有足够的证据证明该观点，但 REF 技术仍然是阐明两者相关性的有用手段。

二、MEE 分型法

　　Blackall 等用多位点酶电泳（Multilocus Enzyme Electrophoresis，MEE）研究了 40 个澳

大利亚 HPS 分离株及 8 个血清型的过氧化氢酶等 17 种酶的电泳图谱，获得了 34 种电泳型。经聚类分析，除一个分离株的过氧化氢酶电泳酶谱呈现单一条带 Yb（代表了一个不同的种或亚种）外，其余的 33 种电泳酶谱聚类为 A、B 两组：A 组包括 40 个分离株中的血清型 4、5，部分血清型 13，两个不能分型的菌株，以及两个血清型 5 的标准菌株；B 组中的血清型范围较广，包括 40 个菌株中的血清型 1、2、7、9、10 和部分血清型 13，以及标准株的血清型 1、2、3、4、8、9。结果表明，HPS 的遗传差异性很大，菌群中不止一个种或亚种，而且同一血清型菌株的电泳酶谱不一定相同（如血清型 13 分离株）。该研究证实了不同的 HPS 之间存在着多态性，并且 MEE 分型法较血清分型法更有效。

三、ERIC-PCR 分型法

重复序列 REP-PCR 已用于描述 HPS 分离株的多样性以及猪场内和猪场间 HPS 感染的流行病学研究（Versalovic et al.，1991，1994；Woods et al.，1993）。肠杆菌科基因间重复一致序列（Enterobacterial Repetitive Intergenic Consensus，ERIC-PCR）技术分型方法就是基于 REP-PCR 原理建立的。该技术是利用 ERIC 中的高度保守区来设计一对反向引物，以扩增细菌基因组的未知序列并产生具有菌株特异性的指纹图谱（Versalovic et al.，1991；Rafiee et al.，2000；Oliveira et al.，2003），从而区分不同的细菌。Rafiee 等用 ERIC-PCR 技术研究了澳大利亚的 14 个分离株——3 个突发 HPS 传染病猪群的 12 个分离株以及 2 个其他猪场分离株的 ERIC-PCR 指纹，结果显示：15 种血清型呈现了唯一独特的 ERIC-PCR 指纹，且重复性高；3 个突发 HPS 传染病猪群的 12 个分离株拥有共同的 ERIC-PCR 指纹，并且明显不同于来自其他猪场的 2 个分离株的 ERIC-PCR 指纹。这表明 3 个猪场 HPS 病的暴发来自同一病原菌。朱必凤等研究了 6 个 HPS 分离株的 ERIC 指纹图谱，结果表明，6 个分离株的 ERIC 指纹图谱与 15 种血清型指纹图谱相比较，可归属为 4 种血清型，该研究为 HPS 的流行病学调查和分子分型快速诊断提供了参考，ERIC-PCR 法能将相同血清型的不同 HPS 分离株区分为不同的 ERIC 型。在比较和描述菌株特性方面，较血清分型法更有效。并且该方法对模板纯度要求不严格，直接煮沸法和酚氯仿抽提法的结果一样，菌株之间的重复性好，用于猪群内和猪群间 HPS 传染病、流行病学研究，有效、简易、快速、灵敏、可重复性高，已经成为 HPS 鉴别和分类的分子遗传分析的有力工具。

四、RFLP-PCR 分型法

另一种用于 HPS 分型的方法是限制性片段长度多态性（Restriction Fragment Length Polymorphism，RFLP-PCR）技术。有学者以特异性的 PCR 原理为基础，先克隆了长为 1.9kb 的 tbpA 基因，用 TaqI、AvaI & RsaI 进行酶切分析，对 15 种 HPS 血清型进行分析，得到 12 种不同的 RFLP 型，血清型 5、12、14 和 15 具有相同的 RFLP 指纹。用该法对 101 个 HPS 临床分离株进行分型，显示 33 种 RFLP 图谱，其中 40 个分离株分别显示 10 种标准 RFLP 型（血清型 5 占 20.8%），其余 61 个分离株显示了 23 种与标准 RFLP 型不同的类型。对 101 株 HPS 中分属 25 种 RFLP 型的 66 个分离株进行分析，显示只有 8 个菌株的血清型和 RFLP 指纹与标准菌株一致：6 株为血清型 5，2 株分别属于血清型 2 和 15；而其中

27 株标准血清型以外的不能分型株分属 14 种不同的 RFLP 型，其中 3 株与标准菌株血清型 2、5、6 相似，表明在相同的血清型内具有基因位点多样性，血清型与 RFLP 之间的相关性不明显（Redondo et al. ，2003）。此外，该研究再次证实了 HPS 血清型 5 仍然最为流行，其次是血清型 4、13、15 以及不能分型的菌株。

与 ERIC 不同，RFLP 不依赖于非特异性引物，扩增出的一段高特异性的含有特定酶切位点的靶 DNA 序列，可直接应用于生物样本（鼻腔拭子、肺组织样等），而不需要纯细菌培养物。除了高灵敏度外，RFLP 还具有高分辨能力（65%）。但目前有关 HPS 及其他巴斯德菌科的多态性指数和分型能力指数尚未有报道，导致实验室之间的结果无法比较。

五、MLST 分型法

目前学界提出了一种新的 HPS 基因分型方法——多位点测序分型（Multilocus Sequence Typing，MLST）。MLST 分型法是根据细菌基因组中 7 个管家基因 *mdh*、6*pga*、*atpD*、*g3pd*、*frdB*、*infB & rpoB* 在细菌菌株之间的多态性而建立起来的基因分型方法。该法在地方性和全球范围流行病学研究中的优点已有详细的描述，并已成功应用于若干人类病原体和动物病原体克隆复合物的测定，包括流感嗜血杆菌。Oliveira 等对 11 个 HPS 标准菌株和 120 个 HPS 临床分离株进行 MLST 分析，结果显示了 109 种序列类型，经构建串联序列的邻接法系统树分析，得到 1、2 两个分枝。分枝 2 的菌株高度相似，大多数为与临床病理损害相关的假定有毒菌株，提示这可能是一个毒力增强的谱系；分枝 1 则大多数为鼻腔分离株，只有少数为可能的潜在有毒菌株。

MLST 分型法克服了传统血清分型的低分辨率问题和 ERIC-PCR 技术存在的不同实验室间难以进行比较的缺陷，并能提供更多的关于 DNA 方面的信息，但是要进行基因序列的测定，则成本比较昂贵。

第三节　致病机理

副猪嗜血杆菌在猪上呼吸道定植的最初部位也已确定。Vahle 等（1995）感染 5 周龄不哺喂母乳的仔猪（CDCD）鼻腔，从血液、鼻腔和气管二次接种 36 小时后分离得到副猪嗜血杆菌，从肺和血涂抹分离得到很少，扁桃腺中未分离到该菌（Vahle et al. ，1997）。Amano 等（1994）用血清型 1、4 和 5 接种猪鼻内后，成功从鼻腔和扁桃腺中分离得到副猪嗜血杆菌。Segales 等（1997）描述了气管内接种后扁桃腺和气管拭子中副猪嗜血杆菌的普通分离。Kirkwood 等（2001）从感染猪鼻腔拭子中分离得到副猪嗜血杆菌。

副猪嗜血杆菌首先入侵敏感猪的鼻窦和气管，引起黏膜损伤，从而增加细菌入侵的机会，继而在外界诱因的存在下，侵入肺部，引起疾病。用投射电镜观察到该菌在感染的早期阶段定居在鼻腔和气管的中端，表现为化脓性鼻炎和上呼吸道黏膜表面纤毛活动减少，引起纤毛上皮损伤、病灶处纤毛丢失以及鼻黏膜和支气管细胞的急性肿胀，从而有可能会增加细菌和病毒入侵的机会。感染中后期菌血症十分明显，肝、肾和脑膜上的瘀斑点构成了败血症损伤，血浆中可检出高水平的毒素，许多器官出现纤维蛋白性血栓。随后出现典型的纤维蛋白化脓性浆膜炎、关节炎和脑膜炎等。

Vahle 等（1997）证明，从鼻腔中段分离到副猪嗜血杆菌的猪常伴有急性化脓性鼻炎和黏液纤毛细胞（mucociliary cell）消失。研究者还提出，这些黏膜的改变有助于副猪嗜血杆菌的侵入以及到达血液。但是，无论是通过电镜还是通过免疫组化方法，均未能在纤毛消失和黏膜细胞变性的部位找到副猪嗜血杆菌。

Brockmeier（2004）证明，支气管败血波氏杆菌（*B. bronchiseptica*）是副猪嗜血杆菌在上呼吸道定植的诱因，其情形与猪萎缩性鼻炎中多杀性巴氏杆菌的作用相似。

第四节　流行病学

副猪嗜血杆菌是猪上呼吸道的一种共栖菌，属于条件性致病菌，可从健康猪的鼻腔、支气管分泌物中分离到本菌，也可以从患病猪的肺中分离到本菌。当环境发生变化或有能够引起免疫抑制的因素存在时，会引起全身性疾病，以多发性纤维素性浆膜炎、关节炎和脑膜炎为常见。副猪嗜血杆菌常作为继发性病原菌导致猪发病，在猪繁殖与呼吸综合征病毒、圆环病毒Ⅱ型、伪狂犬病病毒及猪流感病毒等感染后继发感染，甚至与传染性胸膜肺炎放线杆菌、巴氏杆菌、链球菌等混合感染。Li J. X. 等（2009）对从2003年到2006年的462个病例进行分析，结果表明与猪繁殖与呼吸综合征病毒、圆环病毒Ⅱ型共同感染的比例分别为19.2%、3%。

副猪嗜血杆菌感染呈地方性流行，主要通过直接接触传播，多是因从感染性猪群引进带菌猪而带进致病性菌株。各年龄猪均易感染，都可暴发本病。同样，一旦抗原性不同的新的强毒菌株侵入猪群，也可以引起疫病暴发（Oliveira & Pijoan，2002）。

在感染性猪群中，母猪是病菌的寄主，无论是致病性还是非致病性菌株，仔猪都是在哺乳期被感染的。但是事实上，母猪的带菌率并不高，因此被感染的仔猪也只是一小部分。被感染的仔猪可因感染而产生免疫力，但以后也可能成为亚临床带菌猪。未被致病性菌株感染的仔猪，可从母源抗体获得保护。到 5~6 周龄断奶时，母源抗体水平下降，可因断奶因素的影响而导致亚临床带菌猪数量增加，那些在哺乳期没有接触过致病性菌株的猪开始发病。因此，本病的临床症状通常在 5~6 周龄时即断奶之后出现。

副猪嗜血杆菌入侵到机体内的机理还不清楚。研究表明（Olvera，2009），在副猪嗜血杆菌感染寄主的过程中，为逃避巨噬细胞等的作用，一些细胞成分，如蛋白因子起着十分重要的作用。另外，副猪嗜血杆菌可能产生具有抑制寄主微管合成的因子。Pina S. 等（2009）分析了副猪嗜血杆菌在吸附到寄主组织中的关键基因 *VtaA* 的组成、结构、功能以及起源等一系列问题，结果认为 *VtaA* 基因在副猪嗜血杆菌的感染过程中起着重要作用。这一结果为副猪嗜血杆菌的快速诊断提供了一个研究方向。

副猪嗜血杆菌有荚膜多糖抗原和菌体结构抗原。荚膜多糖抗原成分主要是多糖和磷壁酸，具有型特异性；菌体结构抗原包括外膜蛋白（OMP）和脂多糖（LPS）。细菌荚膜、外膜蛋白、脂多糖均与细菌毒力有关。近年来的研究表明，副猪嗜血杆菌的毒力因子与外膜蛋白相关。Ruiz 等发现，从健康仔猪和患病猪身上分离到的 OMP 存在不同，而从具特征临床症状的猪身上分离到的 HPS 中 OMP 基本相同，这些都揭示了毒力和细菌特定蛋白质之间存在联系。他还研究了副猪嗜血杆菌外膜蛋白的基因型、表型与菌株分离部位之间的关系，证明多发性关节炎病猪全身各部位的 HPS 分离株的同源性较高，健康猪呼吸道分离株的异源性较高，而肺炎病猪呼吸道的分离株比健康猪呼吸道分离株的异源性更高。Martin 等（2004）通过 OMP 免疫、tbpB 发现蛋白免疫、半致死剂量菌免疫与商业疫苗共同对猪进行免疫保护，并做对比研究，结果表明：OMP 蛋白和半致死剂量菌对猪存在部分的保护作用，而tbpB没有保护作用。同样，Ogikubo 等发现 LPS 可能导致寄主免疫组织的淋巴细胞凋亡，破坏寄主的免疫反应。Aragon 等用有毒力与无毒力的菌株对侵染寄主的内皮细胞能力进行了评价，结果显示，有毒力的菌株对内皮细胞的侵染能力更强。这些研究都表明，在副猪嗜血杆菌的感染过程中，OMP、LPS 在感染中都有着重要的作用，但仍需要进一步详细研究，以更好地了解病原菌。

神经氨酸苷酶是巴斯德菌科其他细菌的一种潜在的毒力因子，在病原菌感染的过程中也起着重要的作用。Lichtensteiger 等的研究表明，90% 以上的现场分离菌株都产生神经氨酸苷酶（唾液酸酶），这种酶与透酶和醛缩酶具有协同作用，能通过夺取寄主细胞的碳水化合物而增强细菌毒力。神经氨酸苷酶还介导清除与寄主细胞糖原结合的唾液酸，从而暴露细菌定居或侵入寄主细胞所需的受体，并通过降低黏蛋白的黏性从而干扰寄主的防御系统，这证明神经氨酸苷酶是一种潜在的毒力因子。另外，Del Rio 等（2006a）对铁获取（Flu）基因的研究表明，在体液免疫应答过程中，Flu 可引起 HPS 感染的免疫应答。这些研究为我们进一步分析毒力基因打下了良好的基础。

第五节　临床症状

副猪嗜血杆菌感染后出现的临床症状与感染部位有关。Hoefling（1994）将其分为四种类型，即格拉瑟氏病型（多发性纤维素性浆膜炎）、败血症型（无多发性浆膜炎）、急性肌炎型（见于咬肌）和呼吸病型。

各型临床表现，其绝大多数都是非特异性的。病程呈最急性或急性经过。发病猪通常是十分健壮的猪。最初的症状是体温升高、精神沉郁和食欲减退，接着出现咳嗽、呼吸困难、体重下降、跛行、共济失调、发绀、卧地不起等症状。有的病猪衰竭而死。

引起发烧的细菌和病毒有很多种，如胸膜肺炎放线杆菌、猪放线杆菌、猪链球菌、猪丹毒杆菌、猪鼻支原体、流感病毒等。这些都需要通过鉴别诊断加以排除。

第六节　诊断方法

副猪嗜血杆菌感染的临床症状不具特异性，因此临床诊断意义不大。确诊病性需要进行实验室检验。

一、病理变化

本病的主要变化是在腹膜、心包膜、胸膜或关节面出现纤维素性浆液或纤维素性化脓性炎症。组织学检查这些炎症部位可见嗜中性粒细胞和巨噬细胞浸润。在重度病例如脑膜炎、栓塞性脑膜脑炎中，还会伴有脑脊液增多。肺部病变不典型。败血症病例可在肝、肾和脑等器官表面见到出血斑（点），同时血浆中内毒素含量增加，各器官出现纤维素凝块。伴有发绀、皮下水肿和肺水肿的急性败血性病例不多见，也见不到典型的浆膜炎症表现。在全身症状情况下首先要通过鉴别诊断排除金黄色葡萄球菌的感染，因为其他细菌（尤其是胸膜肺炎放线杆菌）的感染也能导致纤维素性胸膜炎（Nicolet，1992；Amano et al.，1994）。

二、病原分离

从病料分离副猪嗜血杆菌，通常在接种了金黄色葡萄球菌的血液琼脂上进行，目的是通过金黄色葡萄球菌为副猪嗜血杆菌的生长提供 NAD。也可以选用巧克力琼脂或者加有NAD 的 PPLO 培养基。培养时间通常需要 24～48 小时。本菌为难以培养的微生物之一，尤其是从病料中分离时，常常受到杂菌的干扰。解决的办法，一是采用稀释培养法，二是在培养基中加林可霉素和抗菌肽（Pijoan et al.，1983）。由于本菌为上呼吸道常在菌，因此，必须注意由呼吸道分离到本菌并不一定代表发生了全身性感染。但是，当在脑和关节内检出副猪嗜血杆菌后，其诊断价值就不容置疑了（Oliveira & Pijoan，2002）。另外，当分离到副猪嗜血杆菌样细菌时，必须对其做细致的生化鉴定，将之与其他不溶血的 NAD 依赖细菌如吲哚放线杆菌、猪放线杆菌和小放线杆菌等区别开（Kielstein et al.，2001；Oliveira et al.，2001b）。

三、血清分型

如上所述，副猪嗜血杆菌的血清型已经根据特异性兔抗血清免疫扩散试验的结果，确定了 15 个血清型（1～15）。此前，还有人对不同的血清学分型方法［免疫扩散试验（ID）、间接血凝试验（IHA）和协同凝集试验（CA）］进行了比较研究（Del Rio et al.，2003；Tadjine et al.，2004；Turni & Blackall，2005）。

Turni 和 Blackall（2005）比较了 ID 和 IHA 检测野毒株的结果，他们在 KRG 血清型分型中使用了 ID 方法证实产生的抗原，发现，IHA 产生比 ID 更多的不可分型菌株，前者达44%，后者为 41%。一些研究者认为，最适合副猪嗜血杆菌血清分型的方法应该是 IHA，因为 IHA 减少血清学不可分型的百分数至少比 ID 或 CA 低 10%（Del Rio et al.，2003；Tadjine et al.，2004）。其他学者详细分析了 Del Rio 等（2003）和 Tadjine 等（2004）的研究结果后发现，他们的研究方法有缺陷，即所检测的菌株没有一株是国际认可的标准菌株，所采用的抗原提取技术也没有经 GD 试验校正。因此，他们的研究结果受到质疑。

分离菌株不可定型的原因，可能是其所含型特异抗原的数量不足，也可能是至今尚未被认知的血清新型。ID 和 IHA 分型结果出现差异，是由于所用的可溶性天然抗原都是用于 ID 的。因为，IHA 试验是用可溶性抗原包被红细胞，其结果是把沉淀抗原当凝集抗原使用，从而使 IHA 试验的敏感性比 ID 试验提高了 3 000 倍（Mittla，2003）。

四、抗体检测

补体结合试验（CF）、间接血凝试验（IHA）和酶联免疫吸附试验（ELISA）都可用于检测副猪嗜血杆菌的抗体。急性病例经过一周的病程即可检出抗体，但都有较明显的型交叉反应性。Takahashi 等（2001）做了免疫接种试验，通过 CF 检测抗体滴度，其结果在二次免疫后 19 天呈现阳性滴度。研究发现，无论是用超声粉碎的还是用加热煮沸的菌体作包被绵羊红细胞的抗原进行 IHA，亦或无论是用煮沸细菌的上清液还是用酚类水热抽提物透析液作抗原进行 ELISA，都只能获得不稳定的阴性结果，特别是在检测免疫动物时。因此得出结论：这些试验不宜用于检测免疫保护反应。但是，如果改用福尔马林灭活的全菌体作抗原进行 ELISA，则可用于研究母猪的抗体滴度和仔猪的疫苗接种反应（Solano-Aguilar et al.，1999）。

五、分子生物学方法

这类方法中，一个很有应用前景的是寡核苷特异性捕捉平板杂交试验（Oligonucleotide Specific Capture Plate Hybridization，OSCPH），其敏感性很高，为 $< 10^2$ CFU/mL 纯培养物。问题是不容易获得纯培养物。因此，研究人员又建立了一种能直接鉴定病料中副猪嗜血杆菌的 PCR 方法，其敏感性亦达 10^2 CFU/mL。而且，可以用于检测已灭活的病菌。然而，这两种方法对吲哚放线杆菌都可以呈现弱阳性反应。由此，Oliveira 和 Pijoan（2004a）推荐这两种方法只用于检测呼吸道以外的副猪嗜血杆菌，因为吲哚放线杆菌是上呼吸道中的常在菌。

六、免疫组化诊断

由于杂菌滋长而使副猪嗜血杆菌分离异常艰难，因此有人推荐用免疫组化法（IHC）来诊断副猪嗜血杆菌感染。IHC 的优点是，即使副猪嗜血杆菌已被巨噬细胞杀灭而留遗骸于胞浆中，也可轻易地被检测到。问题是本方法中所使用的多克隆抗体与胸膜肺炎放线杆菌有交叉反应（Segales et al.，1997）。

第七节　治疗和预防

与其他疾病一样，卫生恶劣、营养不适和管理不当等因素都可能导致副猪嗜血杆菌的感染和流行。特别是无序转群，以及在同一圈内饲养不同年龄的猪，更易促使本病暴发（Rapp-Gabrielson，1999）。

一、抗生素治疗

副猪嗜血杆菌病可以用抗生素治疗。治疗要求尽可能在症状出现前经胃肠道外途径给药。用药剂量因症而异。对于格拉瑟氏病,由于病原进入组织和脑脊液以及侵害关节,用药剂量一定要大(Nicolet,1992)。

用什么抗生素,应该根据药敏试验结果来选择。有关本菌抗药性的报道不多,瑞士分离到的所有副猪嗜血杆菌菌株对青西林和恩氟沙星均敏感,对链霉素、卡那霉素、庆大霉素、四环素、红霉素、磺胺嘧啶和 TMP + 磺胺嘧啶都有抗性(Wissing et al.,2001)。丹麦菌株对所测抗菌药物,如氨苄西林、头孢替福、环丙沙星、红霉素、氟苯尼考、青霉素、大观霉素、四环素、硫酸黏菌素、替米考星、TMP + 磺胺甲基异噁唑等都十分敏感(Aarestrup et al.,2004)。不过,这些研究结果出现差异可能是由于特定国家所使用的某种抗生素策略,出现抗性分离株可能是主要因素。

二、免疫预防和疫苗接种

通过疫苗接种来控制副猪嗜血杆菌感染可能比较实用。虽然对本菌的毒力因子和保护性抗原何在还不清楚,但确实存在型特异性的免疫力。所用疫苗可以从厂家处(Riising,1981;Solano-Aguilar et al.,1999;Bak & Riising,2002;Baumann & Bilkei,2002)购买,也可以制作自家苗(Smart et al.,1993;Kirkwood et al.,2001)。在以自家苗控制疾病的过程中,既要考虑制苗菌株的血清型,也要重视制苗菌株的其他因子。因为从一头猪可以分离到强毒至无毒的各种菌株。最好使用由脑内分离到的菌株来制备自家苗,如果用从关节和身体其他部位分离到的菌株制苗,免疫效果会变差,而用肺内菌株制备则几乎无效。其原因如前所述,不同部位来源的菌株有非常高的异源性(heterogeneity)(Oliveira & Pijoan,2002)。

可以根据对表型标记如 OMP、LPS 和荚膜多糖免疫应答来评价副猪嗜血杆菌抗原特性。Miniats 等(1991b)通过免疫印迹研究了这些抗原接种猪后的体液免疫应答,发现只有 OMP 抗体与攻毒保护有关。接种后,所有被保护的动物都没有 LPS 或荚膜多糖抗体。而且,Rapp-Gabrielson 等(1997)发现,在相同血清型菌群中存在对同源菌株攻毒有不同的保护能力的不同菌株,尽管它们有相同的 OMP 和 LPS。

副猪嗜血杆菌血清型的多样性和大比例的不能定型的分离物的存在,迫使人们努力寻找能够产生交叉保护力的疫苗。Miniats 等(1991b)曾经试图使用含有高致病力或低致病力菌株的菌苗来诱导交叉保护性免疫反应。结果是,能够抵抗同源性和异源性菌株的交叉保护作用只有用毒力菌株制备的菌苗才能做到,用低致病力菌株制备的菌苗,仅能保护同源菌株的攻毒。Rapp-Gabrielson 等(1997)在研究血清型 2、4、5、12、13 和 14 间的交叉保护性时发现,除了血清型 12 制备的单菌和血清型 2、12 制备的二价菌苗外,其他型都能对同源菌株产生保护作用:用血清型 4 制备的菌苗,可以保护血清型 5 的攻击;用血清型 4、5 制备的二价菌苗,可以抵抗血清型 13、14 的攻击(仔猪病变的严重性和病死率明显降低)。该作者还进一步研究了血清型 12 菌苗对同源菌株的保护性反应。血清 12 型有 12a 和 12b 两个亚型，分别以之制备菌苗后发现，以 12a 制备的菌苗不能产生同源性保护作用，而用 12b 免疫，则能产生显著的同源性保护作用。这些事实表明，尽管血清型 12 菌株都是高致病性的，也能产生相似的 OMP 和 LPS，但菌苗中所表达的保护性抗原肯定是有所不同的。Takahashi 等（2001）研究了血清型 2、5 之间的交叉保护性，证明单价菌苗免疫不能产生交叉保护作用，但用其二价菌苗免疫，然后用致死量的 2、5 型菌株分别攻击，双双都能获得保护。Bak & Riising（2002）研究了血清型 5 加入 Diluvac Forte 佐剂后菌苗的保护性，仔猪在 5 周龄和 7 周龄接种菌苗后，所产生的保护力不仅能抵抗血清型 5 同源菌株的攻击，而且对血清型 1、12、13 和 14 等异源菌株的攻击也都能产生明显的保护作用。血清型 13、14 的交叉保护是 Rapp-Gabrielson 等（1997）的研究结果。

黏膜和细胞免疫刺激可获得交叉保护。Nielsen（1993）用血清型 1 ~ 7 分离株接种 SPF 猪鼻内，虽然只有血清型 1 和 5 引起接种动物全身症状，但用血清型 2、3、4 和 7 喷雾接种的猪也能抵御血清型 5 强毒株的攻毒。

为了预防仔猪发病，可以让仔猪小剂量地感染致病性菌株。该方法的理论基础是基于这样一种假设：在自然状态下，猪群中很少有猪定植有致病性菌株；细菌早期定植于仔猪后，仔猪不仅可因有母源抗体而免发全身性感染，当母源抗体减少时仔猪能获得主动免疫反应。断奶后，这些猪就是该猪场没有早期定植致病性菌株猪的感染源，这些猪有高易感性，且 6 ~ 8 周龄猪（在该时期还没有提供抗体保护水平）易发生全身性感染（Pijoan et al.，1997）。有人通过田间试验证实了这种假设，即仔猪在 5 日龄时经口接种 7×10^3 CFU/mL 强毒活菌，感染猪的病死率比对照猪降低了 2.88%。但要切记：感染有 PRRS 病毒的猪不能使用这种方法（Oliveira et al.，2001a）。

疫苗接种的另一个问题是用苗时机。有学者不同意疫苗接种影响自动免疫的观点（Solano-Aguilar et al.，1999；Baumann & Bilkei，2002）。他们证明：对母猪和仔猪接种疫苗同样有效，认为初乳抗体不能干扰疫苗效果。也有人持不同观点，认为如果母猪什么都不接种，只是仔猪接种疫苗，结果无效。因此，为了保证仔猪断奶前和断奶后都能对疫苗接种产生免疫反应，有必要重视设计疫苗接种的策略。Oliveira 和 Pijoan（2002）证实，母猪分娩前产生的乳汁免疫以及断奶仔猪的疫苗接种和再接种都能够提供必要的保护作用。

在过去的数年中，虽然人们愈益重视对副猪嗜血杆菌感染的研究，但至今仍有许多问题不能得到满意的回答。特别是在毒力因子的检测、毒力因子的作用机理、诊断方法的改进和新型广谱疫苗的研发等方面，仍旧需要格外重视并加以研究。

第三章 格拉瑟氏病的临床症状和病理变化

概要： 副猪嗜血杆菌只感染猪，可以影响从 2 周龄到 4 月龄的青年猪，多在断奶前后和保育阶段发生，常见于 5~8 周龄的猪，发病率一般在 10%~15%，严重时死亡率可达 50%。急性病例往往发生于膘情良好的猪，病猪发热 40.5℃~42℃（严重的可达 43℃），精神沉郁，食欲下降，呼吸困难，腹式呼吸，皮肤发红或苍白，耳部边缘发紫，下眼睑水肿，行走缓慢或不愿站立，腕关节、跗关节肿大，临死前侧卧或四肢呈划水样，有时无明显症状而突然死亡。慢性病例多见于保育猪，主要是食欲下降，咳嗽，呼吸困难，被毛粗乱，四肢无力或跛行，生长不良，直至衰竭而死亡。猪群若存在其他呼吸道病，如支原体肺炎、猪蓝耳病、圆环病毒病、猪流感、伪狂犬病和猪呼吸道冠状病毒感染，则副猪嗜血杆菌病的危害会加大，会加剧保育猪的 PMWS（断奶仔猪多系统衰竭综合征）的临床表现。发病初期，病猪发高烧且持续不退（从发病一直到死亡，病猪持续性高烧），体温 40.5℃~42℃（严重的可达 43℃）；体表皮肤发红，严重者呈酱红色，个别甚至皮肤坏死脱落。病猪精神委顿，食欲、饮欲废绝；畏寒，拥挤而卧，昏睡不醒；呼吸急促，呈腹式呼吸。发病后期，病猪进行性消瘦；皮肤逐渐苍白，后发青变紫；关节肿大，被毛粗乱（形如刺猬），耳朵发绀；全身淋巴结，特别是腹股沟淋巴结严重肿大。

第一节 临床症状

病猪主要的临床症状为发热（40.5℃~42℃），食欲不振，精神萎靡，反应迟钝，呼吸困难，加重肺炎支原体咳嗽症状，严重的呈胸腹式呼吸，被毛粗乱，皮毛苍白，贫血，关节肿胀、无力，跛行，颤抖，步态僵硬，共济失调，眼睑周围皮下水肿，结膜发绀。病变导致病猪不适、疼痛、不愿移动、喜卧，逐渐消瘦、衰竭，最终死亡。

患病乳猪多为慢性感染，并有多种感染途径，有的为内源性继发感染，有的为感染母猪水平传播，有的为感染乳猪水平传播。慢性感染多发生于 10 周龄之后，也有的在几日龄便有临床症状。发病的乳猪体温升高（40℃~41℃），皮毛苍白，精神状态稍差，部分关节肿胀（多见腕关节和跗关节）、跛行、无力，个别病乳猪耳尖发紫。急性发作的患病乳猪一般体况良好，但呼吸困难甚至呈腹式呼吸，个别病乳猪有不同的神经症状表现（颤抖、歪头、四肢呈划水状、痉挛并口吐白沫等），有的急性死亡。

断奶后的保育仔猪主要表现为慢性感染状态，食欲、精神不振，部分病仔猪耳朵发紫、下垂并耷拉着脑袋；呼吸困难，伴随嘶哑短促咳嗽，严重的呈腹式呼吸并张着嘴；皮毛苍白粗乱，四肢无力，个别关节肿胀、疼痛，大多关节炎临床症状不明显，生长缓慢、衰弱，甚至衰竭、死亡。个别病仔猪急性发作，体温高至42.5℃，迅速沉郁、食欲费绝或突然死亡，个别病仔猪死亡前有神经症状（卧地呈划水样、抽搐、瞪眼、口吐白沫等）。如果猪群健康程度较高或无免疫抑制性疾病发生，HPS 感染 10 周龄以后的猪一般临床症状不明显。生长育肥猪主要为慢性感染并呈亚临床症状，大多感染猪随着日龄增大，一般可耐受经过；部分感染猪有轻微的关节炎，四肢无力、僵硬，毛长且紊乱苍白，体温偏高，食欲降低，生长缓慢；个别病猪会因心包炎或脑膜炎而突然死亡。

日龄较大的育肥猪或青年后备母猪感染 HPS 多呈隐性状态，一般临床表现轻微，多见于四肢，尤其后腿关节轻微肿胀、跛行、动作僵直无力，结膜发绀并多见分泌物；个别病猪急性发作呈现食欲不振、精神萎靡甚至无前兆突然死亡；极个别情况下还会发生脑膜炎并表现神经症状（多见头颈痉挛而表现歪头等）。成年猪慢性感染一般不表现临床症状，急性感染可引起母猪死胎、木乃伊胎增多甚至流产，患病公猪跛行等。

第二节　病理变化

本病最具特征性的剖检变化是：胸膜炎、腹膜炎、脑膜炎、心包炎、关节炎等多发性炎症，并有纤维素性或浆液性渗出。笔者在对本病猪尸体的剖检过程中发现，猪尸腹腔积满淡红色浑浊腹水，豆腐渣样淡黄白色的纤维素性渗出物附着于肠黏膜和肝脾表面；胸腔大量积水，以致打开胸腔时，积水就汩汩外溢；心脏被一层厚厚的绒毛样被膜包裹着，心脏与胸腔壁粘连；肺萎缩；全身淋巴结肿大，尤以腹股沟淋巴为甚。

根据本病的流行病学、临诊症状和病理变化特点可以做出初步诊断，确诊须进行病原的分离培养和鉴定。

（1）流行病学特点：主要发生于 2 周龄至 4 月龄的猪，尤其以 5~8 周龄的断奶仔猪最易感；一般散发；多继发于其他病毒性疾病或混合感染；病的发生和严重程度通常与气候骤变、饲养条件改变以及其他病原体的感染相关。

（2）临床症状和病理学诊断：临床上主要表现为咳嗽、呼吸困难、眼睑水肿、消瘦、关节肿大、跛行、共济失调等特点。剖检以胸膜、腹膜、心包膜及腕关节、跗关节表面有浆液性或纤维素性渗出物为特征。

（3）细菌的分离鉴定：治疗前将发病急性期病猪的浆膜表面渗出物或血液接种到巧克力琼脂培养基，或用羊、马、牛鲜血琼脂与葡萄球菌做交叉画线接种，培养 24~48 小时。副猪嗜血杆菌在葡萄球菌菌落周围生长良好，呈卫星现象。然后取可疑菌落进行生化鉴定和血清型定型。

（4）鉴别诊断：诊断时应注意与链球菌、猪丹毒丝菌、猪放线杆菌、猪沙门氏菌等败血性细菌传染病以及由猪鼻支原体引起的多发性浆膜炎和关节炎相区别。

图 3-1 至图 3-14 为猪格拉瑟氏病的一些典型的病症，以及容易与格拉瑟氏病混淆的其他疾病，如猪胸膜肺炎、巴氏杆菌病、喘气病和猪链球菌败血症等。

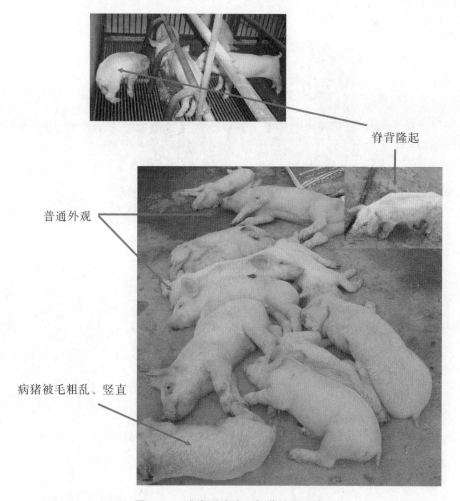

脊背隆起

普通外观

病猪被毛粗乱、竖直

图3－1　感染副猪嗜血杆菌的病死猪

断奶猪的支气管肺炎和心包炎　　可找到典型的空胃

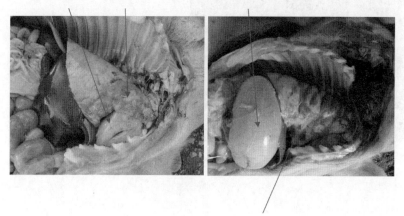

仔猪断奶后7~14天常见的纤维素性支气管肺炎

图3－2　剖检断奶后7~14天的仔猪

图 3 – 3   典型的空胃、空肠

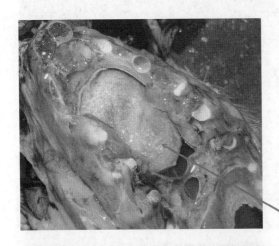

胸膜炎（绒毛心）、
胸腔积液

图 3 – 4   胸膜炎（绒毛心）、胸腔积液

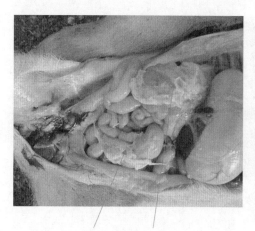
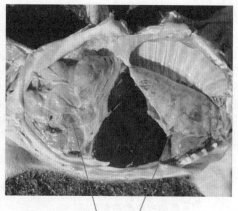

纤维素性腹膜炎　　　　　　　严重腹膜炎和支气管炎、肺炎

图3-5　纤维素性腹膜炎、严重腹膜炎和支气管炎、肺炎

图3-6　肺脏严重水肿

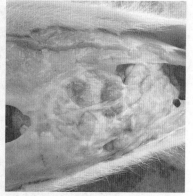

图3-7　腹膜炎、胸腔积液、肝表面纤维样渗出、空胃、肠表面纤维样渗出

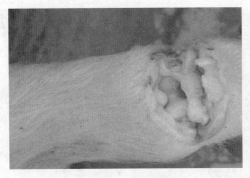
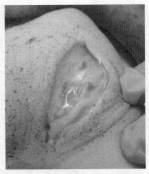

图3-8　明显的跛足、关节炎，前关节肿大并有黄色胶冻纤维样渗出，后关节内有黄色黏液

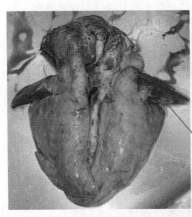
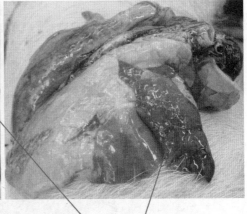

副猪嗜血杆菌感染通常伴随类似于"经典"的猪喘气病病变，两者样品都能在培养基上培养出纯的副猪嗜血杆菌

图3-9　伴随猪喘气病病变的副猪嗜血杆菌感染

拭子最好的取样部位是浆膜表面(即使没有病变存在)或分泌物、脑脊液及心脏血

图3-10　拭子取样

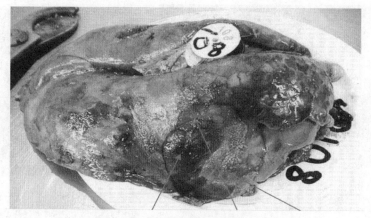

14 周龄猪的胸膜肺炎放线杆菌
（请注意肺间质水肿、纤维素性胸膜炎和出血性坏死）

图 3 - 11　典型的胸膜肺炎

图 3 - 12　由多杀性巴氏杆菌引起的纤维素性支气管肺炎
（没有出血性脑梗塞）

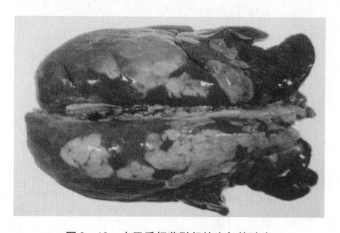

图 3 - 13　由巴氏杆菌引起的支气管肺炎

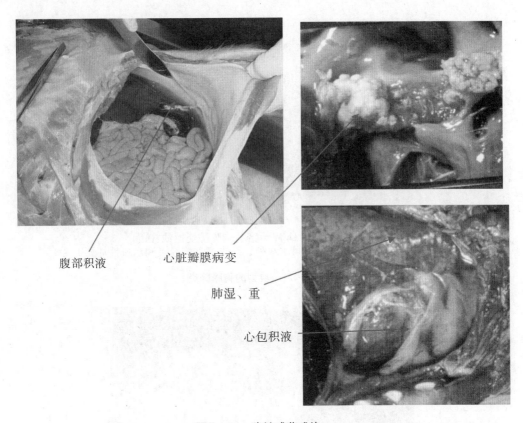

腹部积液　　　　　心脏瓣膜病变

肺湿、重

心包积液

图3-14　猪链球菌感染

第四章　预防副猪嗜血杆菌的一些经验

概要：副猪嗜血杆菌很早就定植在猪的上呼吸道中。该细菌通常可以从健康动物的鼻腔、扁桃体区域和气管中分离得到。可以通过对那些易感动物进行预防性疫苗接种的方法来控制副猪嗜血杆菌的感染。不过，到目前为止，尚没有令人满意的副猪嗜血杆菌疫苗。副猪嗜血杆菌菌株之间和血清型之间没有交叉保护，加上存在大量的非典型性菌株，使得制造通用的疫苗成了一件非常困难的事情。而且，经常性地引入后备猪群到易感猪群可能会将新的病原菌株带到猪群中。这其中不包括那些使用疫苗的猪群。为了澄清副猪嗜血杆菌形成保护性免疫反应的一些重要问题，本章将对猪群内该病原体的流行病学，在疾病控制中病原定植所起的作用，商品疫苗和自家苗的保护作用以及与系统感染相关的一些潜在的毒力因子等问题进行探讨。

第一节　猪群中副猪嗜血杆菌感染的流行病学

猪群的卫生状况和采取的管理措施不同，副猪嗜血杆菌感染的流行病学也不一样。在许多常规饲养的猪群中，副猪嗜血杆菌在猪群内的流行非常普遍且其定植在猪体内的种类也很多，呈现出一种散发的系统感染状态，既与应激相关，又主要感染幼龄动物。而在那些无特定病原（SPF）或高度健康猪群中，副猪嗜血杆菌感染的流行病学变化程度相当大，在此类猪群中定植的副猪嗜血杆菌的流行程度和菌株变异是很小的，从而导致猪群缺乏对新菌株感染的保护力。

基因型研究表明，从多个暴发此病的猪场的猪体内分离到的副猪嗜血杆菌菌株也是很有限的。根据经验，我们已经注意到，副猪嗜血杆菌感染的流行病学是一种动态的过程，致病的菌株在一段时间后在猪群中会发生变化。副猪嗜血杆菌感染的流行病学另外一个有意思的方面是，虽然定植在动物体内的菌株的血清型和株型各不相同，但在母猪群中病原菌株的流行程度是非常低的。结果，在断奶前，只有一小部分仔猪被这些菌株所定植。副猪嗜血杆菌的这种流行病学特点可以部分解释为什么仔猪一般在断奶后发生系统性的感染。

自然感染副猪嗜血杆菌是获得针对系统感染的完整免疫保护的方法。曾有研究表明，仔猪出生后几个小时，副猪嗜血杆菌就开始在猪体内定植，过一段时间后，定植的细菌数量和被细菌定植的猪的数量会急剧增加（Oliveira，2001，未发表资料）。就像前面所讨论的一样，母猪群中副猪嗜血杆菌病原菌株的流行程度是非常低的，采用早期断奶（SEW）

减少了仔猪从母猪获得菌株定植的机会，即增加了进入保育猪群的易感仔猪的数量。副猪嗜血杆菌所导致的疾病往往发生在不同来源猪群混合在一起的时候，而在断奶时，则是来源于不同母猪的具有不同菌株定植程度的仔猪混合的时候。

为了进一步了解对仔猪进行早期的副猪嗜血杆菌病原性菌株定植是否可以减少保育猪的疾病，我们按照菌株定植的两种方案进行研究。

第二节　仔猪的直接细菌定植

通过接种母猪按照鼻—鼻接触的方式来进行细菌定植。从患病后恢复的保育猪体内分离副猪嗜血杆菌并用 REP-PCR 技术进行特征鉴定，只将猪群中流行的菌株用于定植。用于实验定植的仔猪按照 7×10^3 CFU/mL 的剂量在 5 日龄用喷雾的方法通过口鼻的途径接种，或母猪在分娩前 2 周按照同样的剂量进行同样的处理。虽然两种定植方法都使得菌株在仔猪体内成功定植，然而在仔猪 5 口龄时直接接种副猪嗜血杆菌病原菌株比母猪接种病原再通过鼻—鼻接触来获得菌株在仔猪体内的定植在降低发病率和死亡率方面都有效得多。这项研究表明，通过对仔猪进行早期的菌株定植来抵抗在保育阶段的副猪嗜血杆菌感染从而获得保护性的免疫反应极为重要。尽管如此，幼小动物在田间条件下，通过有病原菌定植的母猪获得感染从而获得菌株的定植，根据我们的结果，其效果远远不如直接给保育仔猪定植菌株所获得的保护。

第三节　控制副猪嗜血杆菌的疫苗和保护性免疫反应

考虑到仔猪在田间条件下断奶前只是获得部分的有效保护，在仔猪群中通过疫苗接种来抵抗副猪嗜血杆菌就成为控制保育仔猪系统感染的重要方法。控制副猪嗜血杆菌可以通过商品化的疫苗和自家苗来进行。当疫苗和猪群内的病原菌株同源时，用疫苗接种来控制副猪嗜血杆菌是非常有效的。如果引起猪只发生系统性疾病的副猪嗜血杆菌的血清型也包括在所选用的商品疫苗中，则该疫苗具备很好的保护作用。尽管如此，使用商品化的疫苗并不总是成功的。商品化的疫苗没有效果可能与几个因素有关。新血清型或新菌株进入猪群、非典型的分离菌株等是影响疫苗接种成功的因素。商品疫苗没有效果的原因甚至是同样血清型的副猪嗜血杆菌菌株的异质性，这时采用自家苗也许是控制疾病的好办法。使用自家苗要求对猪群的流行病学进行评估以确定引起疾病的流行菌株。准确获得猪群中病原菌株的血清型特征有技术的局限性，尤其是引起疾病的非典型菌株。从健康动物的上呼吸道常可以分离到副猪嗜血杆菌，但从脑膜、心包膜、胸膜、腹膜和关节分离的病原更适用于流行病学评估。REP-PCR 技术可以成功用于感染副猪嗜血杆菌猪群的流行病学研究。这种基因技术可以对系统中的副猪嗜血杆菌菌株进行比较并获得其完整的特性，同时鉴定出猪群中流行的菌株。通过使用 REP-PCR 技术，新的菌株被引进猪群后可以通过常规的评估监测发病动物康复后的新菌株。新的流行菌株可以加入自家苗当中。

像前面讨论的一样，商品疫苗和自家苗能否成功控制副猪嗜血杆菌的感染取决于猪群内该病原的流行病学。有些猪群采用两种疫苗均失败了。在这种情况下，还要考虑是否有并发的疾病，如猪繁殖与呼吸综合征。如果猪群中的猪繁殖与呼吸综合征呈现活动状态，除非控制了 PRRS，否则，不管是商品疫苗还是自家苗，都有可能失败。

第四节　副猪嗜血杆菌感染的毒力因子及其在形成保护性免疫反应中的作用

能够成功控制副猪嗜血杆菌同源和异源菌株感染的疫苗就是理想的疫苗。很多疫苗实验都表明，疫苗只能抵抗副猪嗜血杆菌同源菌株的感染，不能抵抗异源感染。副猪嗜血杆菌菌株和血清型之间的交叉保护是有限的，很少能成功。不同的副猪嗜血杆菌菌株和血清型往往缺乏交叉保护。我们知道，一些副猪嗜血杆菌菌株和血清型比其他的菌株和血清型毒力更强。尽管如此，感染期间副猪嗜血杆菌所表达的大部分毒力因子尚不清楚。

第五节　副猪嗜血杆菌的不同血清型和菌株成了制造单独疫苗的主要困难

有些毒力因子在其他的菌株中也有表达，如嗜血杆菌—放线杆菌—巴氏杆菌群（HAP），所以被称为副猪嗜血杆菌。然而，这些因子在感染中的作用还不清楚。Munch 等（1992）描述了一种由 Bakos A（血清型 2）菌株在 10 日龄受精鸡胚中所表达的菌毛蛋白，其他的由该菌（包括 HAP）所表达的重要毒力因子均在感染期间以包囊形式出现。包囊化的菌株比非包囊化的菌株更能抵抗巨噬细胞和补体结合的作用。在文献中，对于副猪嗜血杆菌包囊化的菌株和毒力之间的关系是有争论的。Morozumi 和 Nicolet（1986）报告说，从发病猪体内分离的大多数副猪嗜血杆菌菌株都是非包囊化的。相反，Rapp-Gabrielson 等（1992）发现副猪嗜血杆菌血清型 5 在通过活体豚鼠后明显增加了包囊形式的表达。这是最早对在活体内包囊形式表现差异的评估研究。

为了进一步说明副猪嗜血杆菌是否在感染期间形成包囊，我们用受精鸡胚和猪模型的活体来评估副猪嗜血杆菌的包囊形成。在第一个实验中，高毒力的副猪嗜血杆菌血清型 5 被注射到 10 日龄受精鸡胚中。孵化以后，副猪嗜血杆菌从注射的鸡胚绒毛膜尿囊的纯培养中分离，吖啶黄凝集试验和透射电镜均表明副猪嗜血杆菌通过活体后可以大量表达包囊。同样的菌株后来被注射到不经过哺喂初乳的仔猪的腹腔内，将感染后 24 小时的动物剖检，腹腔液体直接用于透射电镜检查，结果表明：自然寄主感染比通过鸡胚出现更多包囊。为了进一步评价其他血清型，副猪嗜血杆菌血清型 7 也被注射到受精的鸡胚中，然后做吖啶黄凝集试验（结果见下表）。结果显示：两种高毒力的菌株（血清型 5 和血清型 14）在通过活体后出现包囊。尽管如此，副猪嗜血杆菌血清型 1 和血清型 10 在通过受精鸡胚后却不表达毒力。通过这些实验的结果可知，副猪嗜血杆菌的毒力菌株可以在通过活体后增加包囊的表达。尽管如此，副猪嗜血杆菌的包囊表达的作用仍然不是很清晰。

副猪嗜血杆菌各个菌株通过活体受精鸡胚后包囊表达吖啶黄凝集试验表

副猪嗜血杆菌菌株	报告毒力（4）*	通过鸡胚前形成包囊	通过鸡胚后形成包囊
血清型 1	＋＋	无包囊	无包囊
血清型 4	＋	无包囊	无包囊
血清型 5	＋＋	无包囊	无包囊
血清型 7	－	无包囊	无包囊
血清型 9		无包囊	无包囊
血清型 10	＋＋	无包囊	无包囊
血清型 14	＋＋	无包囊	无包囊

注：* 腹腔内接种；

－ 没有临床症状和临床损害；

＋ 剖检时出现临床症状和多发性浆膜炎损害；

＋＋ 感染后 96 小时死亡。

有些研究中，显示毒力的副猪嗜血杆菌菌株也出现类似的外膜蛋白（OMP），外膜蛋白的类型可能与毒力有关。虽然毒力菌株的外膜蛋白形式比非毒力菌株的外膜蛋白更具有同源性，但两者都可以表达相似的 OMP 形式（如下图所示）。基于这些结果，我们得出一个结论，副猪嗜血杆菌的 OMP 毒力作用和其所引起的免疫保护反应仍然需要进一步阐明。

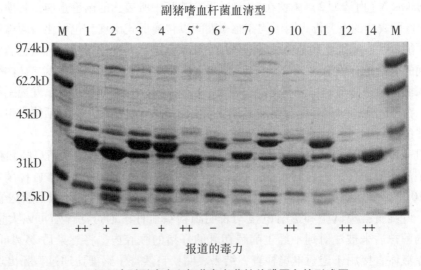

不同血清型副猪嗜血杆菌参考菌株外膜蛋白的形式图

注：* 腹腔内接种；

－ 没有临床症状和临床损害；

＋ 剖检时出现临床症状和多发性浆膜炎损害；

＋＋ 感染后 96 小时死亡。

　　研究控制副猪嗜血杆菌的疫苗取决于对该病原体所表达的毒力因子的知识的了解。最主要的候选"毒力"是菌毛蛋白和外膜蛋白。尽管如此，这些毒力因子都不与副猪嗜血杆菌菌株的病原性相关。虽然商品化的疫苗和自家苗可以用来预防和控制本病，但自然感染和菌株定植仍然是控制副猪嗜血杆菌感染猪群的最好方法。不同的猪群要选择不同的理想的疫苗，这主要取决于目标猪群中的病原流行病学（Oliveira & Pijoan，2001）。

第五章　副猪嗜血杆菌外膜蛋白表型分析

概要：研究人员采用 SDS-PAGE 测定了 82 个副猪嗜血杆菌分离株细胞外膜蛋白（OMP），比较了不同临床背景分离株的 OMP 表型差异，分析了 OMP 与毒力菌株的相关性。结果表明，外膜蛋白分为三种类型：PAGE Ⅰ、PAGE Ⅱ和 PAGE Ⅲ。约 34% 的患病猪分离株属于 PAGE Ⅰ 型，只有约 9% 健康猪分离株属于 PAGE Ⅰ 型，说明 36～40kD 蛋白与菌株的毒力相关。

副猪嗜血杆菌（HPS）血清型多达 15 种，每年还有大量（20%～30%）的分离菌株不能用现有的血清分型标准鉴定，并且各国、各地区存在的血清型也不同，毒力菌株的差异也很大。就是说，除了血清型上存在差异，不同地区的同一种血清型分离菌株也存在着毒力上的不同。关于毒力因子的研究，不同的研究者得出不同的结论。有的认为 HPS 的毒力因子是细菌的荚膜，有的认为是菌体的外膜蛋白，有的认为是全菌体蛋白。多数研究认为这些带有毒力因子特征的分离菌株只出现在发病猪体内，而另两个研究结果正好相反，证明健康动物分离菌株也带有明显的毒力因子特征。总之，毒力因子的研究尚不完全清楚。

在我国，对于 HPS 分离鉴定、药物敏感性试验、疾病的常规诊断、流行病学研究等报道较多，HPS 的分子生物学鉴定已有报道，华中农业大学已经开展了血清型与耐药性的相关性研究。关于 HPS 外膜蛋白特性及抗原活性的研究，国内未见报道。为此，我们对 HPS 不同毒力分离株的外膜蛋白表型进行研究，试图揭示 HPS 外膜蛋白组分的差异，以及这些差异与毒力及免疫的相关性，丰富兽医微生物学和兽医免疫学内容以及为该疾病的免疫预防提供理论依据。

第一节　材料和方法

一、供试菌株

供试菌株为 2007—2009 年从江西、上海及广东三省市不同的猪场分离获得的 HPS 野外分离株（以下简称"分离株"）共 82 株。江西、上海及广东 F、G 为暴发 HPS 病的猪场，所获得的 59 个分离株中，57 株来自患病猪鼻腔拭子，2 株来自患病猪心血。广东 H 猪场在临床上未发生任何 HPS 病症状及损伤，获得的 23 株菌株均来自健康猪鼻腔拭子，12 株标准菌株由农业部哈尔滨兽医研究所提供，详细情况如下表所示。

供试副猪嗜血杆菌分离株表

来源地	分离年份	分离部位	菌株数	菌株编号
江西 A	2007	鼻腔	5	N2–14、N1–13、N2–8、N2–7、N2–5
	2008	鼻腔	5	N10、N16、N7、N2、N46
	2009	鼻腔	9	NG7、NG13、NG30–1、NG5、NG44、NG45、NG68、NG03、NG14
江西 B	2007	鼻腔	4	Z11、Z29、Z30、Z36
	2008	鼻腔	5	z–30、z–18、z–38、z–2、z–27
江西 C	2009	鼻腔	10	WD32、WD35、WD35–1、WD39、WD41、WD46–1、WD49、WD50–1、WD55、WD55–1
上海 D	2009	鼻腔	9	SH05、SH06、SH08、SH014、SH010、SH013、SH018、SH036、SH036–1
上海 E	2007	鼻腔	6	D3、D6L、D7、D19、D28、D38
广东 F	2007	鼻腔	4	L40、L31、L7、L35
广东 G	2007	心血	2	2X–1、2X–3
广东 H	2009	鼻腔	23	QY2、QY3、QY4、QY6、QY6–1、QY9、QY10、QY23、QY24、QY26、QY28、QY30、QY31、QY32、QY33、QY35、QY37、QY39、QY46、QY55、QY47、QY65、QY65–1
标准菌株			12	N^o4（Serotype 1）、SW114（Serotype 2）、SW114（Serotype 3）、SW123（Serotype 4）、长崎（Serotype 5）、131（Serotype 6）、174（Serotype 7）、D74（Serotype 9）、H555（Serotype 10）、H465（Serotype 11）、H425（Serotype 12）、84–22113（Serotype 14）

二、副猪嗜血杆菌 OMP 的制备

主要参照 Carlone 等（1986）的 Sarkosyl 法制备。

三、OMP 的 SDS-PAGE

参照 Rosner 和 Kielstein（1992）的方法进行。

四、聚类分析

根据所有供试菌株 OMP 的 SDS-PAGE 电泳图谱，运用 TotalLab 100 软件计算各蛋白条带的迁移率 Rf，运用 BandScan 5.0 软件计算各蛋白条带占该菌总外膜蛋白含量的百分数。根据 Rf，运用 Pearson correlation 方法计算各菌株的相关系数，根据类间平均链锁法（Between groups linkage）运用 SPSS 16.0 程序包进行聚类分析；根据各 OMP 成分含量的百分数，以 Rf 的输入矩阵为基础，即将矩阵中的 Rf 数据改为 OMP 含量百分数，运用 Euclidean

距离算法计算距离系数,在 SPSS 16.0 程序包中进行聚类,聚类方法同上。

第二节　结果与分析

一、OMP 的 SDS-PAGE 图谱分析

用 Sarkosyl 法制备 59 株分离自患病猪、23 株分离自健康猪的 HPS 野外分离株的 OMP,经 SDS-PAGE 检测,得到分子量范围在 17~120kD 之间,浓度各不相同的数条蛋白带(见图 5-1 中的 a~e)。从 SDS-PAGE 图谱上可见,各菌株的 OMP 主要蛋白带位于 26~50kD 之间。不同菌株之间,26~34kD 之间蛋白带差异主要表现在分子量上。而 36~40kD、43~45kD 的蛋白条带,除了蛋白分子量有差异以外,蛋白浓度也有显著的差异:有些分离株以 36~40kD 高密度蛋白为特征,有些分离株该蛋白表达量则较低,而以 43~45kD 高密度蛋白为特征。

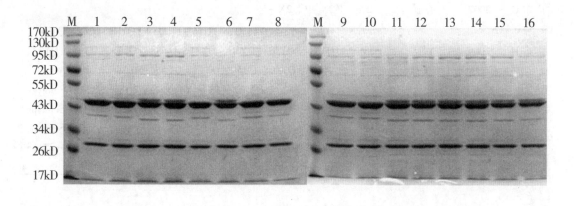

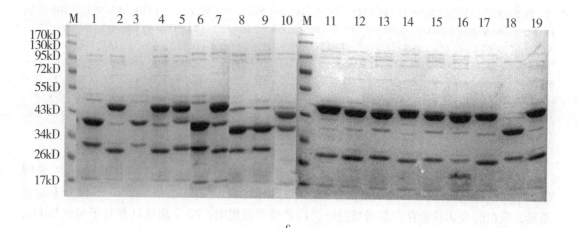

c

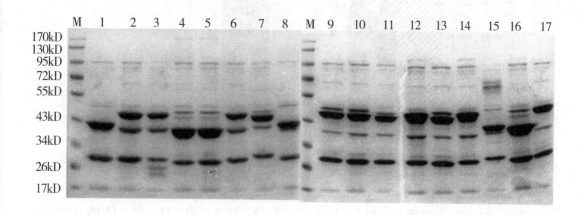

d

e

图 5 – 1　患病猪和健康猪 HPS OMP SDS-PAGE 图谱

注：a~d 为患病猪 HPS OMP。

a~e 图中 M 为蛋白 marker。

图中 c 为：1 = N10，2 = N16，3 = N7，4 = N1 – 13，5 = N2 – 8，6 = N2，7 = N46，8 = N2 – 14，9 = N2 – 5，10 = N2 – 7，

11 = NG7, 12 = NG13, 13 = NG30 - 1, 14 = NG5, 15 = NG44, 16 = NG45, 17 = NG68, 18 = NG03, 19 = NG14; 图中 d 为: 1 = WD32, 2 = WD35, 3 = WD35 - 1, 4 = WD39, 5 = WD41, 6 = WD46 - 1, 7 = WD49, 8 = WD50 - 1, 9 = WD55, 10 = WD55 - 1, 11 = 2X - 1, 12 = 2X - 3, 13 = L35, 14 = L7; 图中 e 为: 1 = D19, 2 = D28, 3 = D38, 4 = L40, 5 = L31, 6 = D3, 7 = D6L, 8 = D7, 9 = SH05, 10 = SH06, 11 = SH08, 12 = SH014, 13 = SH010, 14 = SH013, 15 = SH018, 16 = SH036, 17 = SH036 - 1; 图中 b 为: 1 = Z11, 2 = Z29, 3 = Z30, 4 = z - 30, 5 = Z36, 6 = z - 18, 7 = z - 38, 8 = z - 2, 9 = z - 27, 10 = QY37, 11 = QY39, 12 = QY46, 13 = QY55, 14 = QY65, 15 = QY47, 16 = QY65 - 1; 图中 a 为健康猪 HPS OMP: 1 = QY2, 2 = QY3, 3 = QY4, 4 = QY6, 5 = QY6 - 1, 6 = QY9, 7 = QY10, 8 = QY23, 9 = QY24, 10 = QY26, 11 = QY28, 12 = QY30, 13 = QY31, 14 = QY32, 15 = QY33, 16 = QY35。

比较来自患病猪与健康猪的野外分离株的 OMP 表型发现,前者的 OMP 表型差异明显,不同菌株之间,26 ~ 30kD 蛋白分子量不尽相同,36 ~ 40kD、43 ~ 45kD 不仅分子量有差异,蛋白的表达量也存在着明显差异;后者带型很规则,22 个菌株具有分子量约 28kD、38kD、45kD 的主要 OMP,部分菌株在约 47kD 处有一条低密度蛋白带。据本研究中 OMP 特征蛋白条带的位置,初步可将 82 个 HPS 野外分离株的 OMP 表型分为两种 SDS-PAGE 型:Ⅰ型以 36 ~ 40kD OMP 为特征,Ⅱ型以约 45kD OMP 为特征。依据此分类方法,59 个来自患病猪的分离株中,20 个具有 36 ~ 40kD 特征蛋白,属于Ⅰ型,约占 34%;而 23 个来自健康猪的分离株中,只有 2 株属于Ⅱ型,具有约 38kD 特征蛋白,仅占 8.7%。

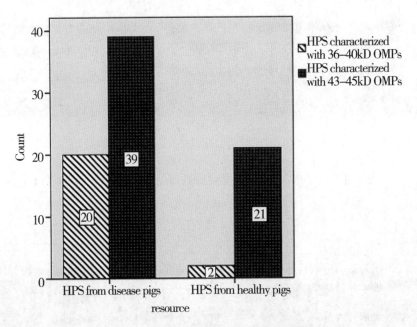

图 5 - 2　不同临床背景 HPS OMP 表型菌株数

根据 HPS 国际标准菌血清型 1、2、3、4、5、6、7、9、10、11、12、14 的 OMP 表型可知:强毒力菌株血清型 1、5、10、12、14 均具有 37 ~ 39kD 特征蛋白,弱毒力血清型 6、9、11 则以 43 ~ 45kD 蛋白为特征。可见,我们获得的 PAGE Ⅰ型与标准血清型强毒力菌株的 OMP 表型较为相似,由此推测本研究中,36 ~ 40kD 可能与疾病的发生有关,PAGE Ⅰ型分离株可能为一个潜在的毒力菌株谱系。

二、聚类分析

（一）根据 Rf 聚类分析

根据 OMP 条带的迁移率进行聚类分析，本实验涉及的 82 个 HPS 野外分离株与 12 个标准血清型菌株在距离系数为 18 时聚为 3 类，分别标记为Ⅰ、Ⅱ、Ⅲ，如图 5-3 所示。

从聚类图上可见，Ⅰ类包含 35 个野外分离株，包括分离自健康猪的所有 HPS 菌株（编号为 QY）和 16 株分离自患病猪的菌株，以及标准血清型 9、11。其中，来自健康猪的分离株的 OMP 迁移率表型十分相似，距离系数表现为最小，而分离自患病猪的菌株则差异较大。

Ⅱ类包含 18 个来自患病猪的分离株及标准血清型 2 和标准血清型 6，其中 5 个菌株（N2-5、2X-1、2X-3、N2、NG03）以约 38kD 蛋白为特征，2 个菌株（D7、SH036）以约 40kD 蛋白为特征，其余菌株均以 43~45kD 蛋白为特征，z-27 则以分子量约 50kD 蛋白为特征。

Ⅲ类包含 7 个分离自患病猪的 HPS，以及标准血清型 1、3、4、5、7、10、12、14。

根据以上分析，本实验所涉及的 82 个野外分离株的 OMP 表型变异程度因菌株临床背景不同而异。分离自患病猪场的 HPS 表型差异较大，可分为三种类型；而分离自健康猪场的菌株表型相似程度较高，全部聚合于同一类群中（Ⅰ类）。部分来自患病猪的分离株 OMP 表型与来源于健康猪的分离株 OMP 表型相似。此外，各类群分离株并没有呈现出明显的地域相关性，可见 OMP 迁移率表型与分离株的来源地没有明显关联。

（二）根据 OMP 含量百分比聚类

运用 Euclidean 距离算法计算距离系数，根据类间平均链锁法，在 SPSS 16.0 软件中进行聚类分析，获得根据 OMP 含量百分比而成的聚类分析树状图，如图 5-4 所示。82 个 HPS 野外分离株与 12 个标准血清型在距离系数为 13 时，可分为 7 小类，分别标记为Ⅰ、Ⅱ、Ⅲ、Ⅳ、Ⅴ、Ⅵ、Ⅶ。

综上所述，根据 OMP 含量百分比进行聚类分析，以分子量为 43~45kD 蛋白为特征的野外分离株聚合为一类，与以分子量为 36~40kD 蛋白为特征的野外分离株差异则较大，聚为不同的类群。除了Ⅳ类全为野外分离株外，Ⅱ类与标准血清型 10，Ⅶ类与标准血清型 5、12（强毒力菌株），Ⅴ类与标准血清型 2、14（强毒力菌株）分别具有明显的相关性。由此推测，这些野外分离株有可能是毒力菌株，36~40kD 特征蛋白可能是 HPS 致病菌的毒力因子之一。

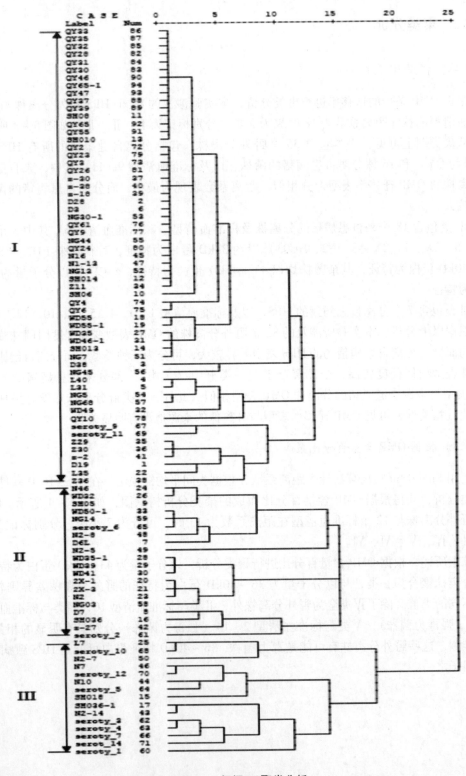

图 5-3　根据 Rf 聚类分析

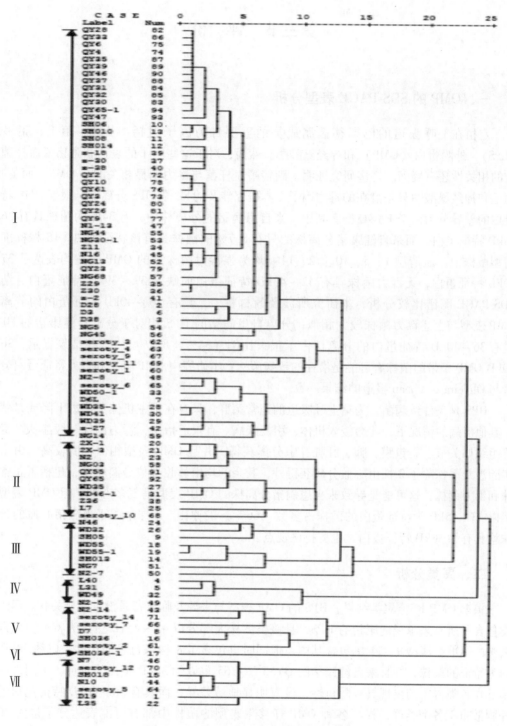

图 5 - 4　根据 OMP 含量百分比聚类分析

第三节 评 价

一、OMP 的 SDS-PAGE 表型分析

定植在上呼吸道的巴斯德菌属成员的重要毒力因子包括：荚膜、菌毛、脂多糖（LPS）、外膜蛋白（OMP）和神经氨酸酶。然而，对于这些因子的表达和副猪嗜血杆菌毒力的相关性还有疑问。许多研究证明，副猪嗜血杆菌与毒力明显相关的是 OMP，而荚膜、菌毛和神经氨酸酶只是潜在的毒力因子。本研究涉及的 82 个 HPS 分离株，根据 OMP 特征蛋白的差异分为两个 PAGE 型。其中，来自患病猪的分离株中，有 34% 的菌株具有 36～40kD 特征蛋白，而来自健康猪分离株的只有 8.7% 的菌株具有该特征蛋白。15 株标准血清型菌株中，血清型 1、5、10、12、14（均为强毒力菌株）的 OMP 表型均表达了 37～39kD 特征蛋白，无毒力菌株具有 42～43kD 特征蛋白而缺乏 37～39kD 特征蛋白。结合 SDS-PAGE 图谱比较分析，本研究所涉及的材料中，具有 36～40kD 特征蛋白的分离株 OMP 表型与上述毒力菌株较为相似；分离自患病猪的 HPS 相对于分离自健康猪的 HPS，具有 36～40kD 特征蛋白的分离株占了很大比例（34%∶8.7%）。这些结果提示，36～40kD OMP 条带的菌株有可能是潜在的致病菌株，本研究中 OMP 分型和毒力特征蛋白分子量与 Oliveira & Pijoan 报道的结果一致。

HPS 是条件致病菌，为猪上呼吸道的正常菌群，只有在寄主机体免疫力下降或是感染了其他疾病的情况下，才会侵入机体，引发疾病。有报道指出，毒力菌株一般能从全身系统组织如关节、心包膜、肺、肝脏等中分离获得，并且 OMP 表型相似程度较高。由于本实验涉及菌株除了 2 株由心血分离获得外，其余的均由鼻腔部位分离获得，包括了正常菌株和毒力菌株，这可能是导致来自患病猪分离株的 OMP 表型呈现多态性，但 OMP 表型依然以 43～45kD 为特征蛋白的菌株占多数（66%）的原因。2 株来源于患病猪心血的分离株均具有约 38kD 特征蛋白，也支持该观点。

二、聚类分析

根据 OMP Rf 值聚类结果，HPS 的 OMP 表型与来源及临床背景没有明显关联。尽管 I 类包含了所有来源于健康猪的 HPS，且该类菌株大部分以 43～45kD 蛋白为特征，无毒力菌株的标准血清型 9、11 也包含其中，但同时也包含了 8 株来自患病猪的、以约 38kD 蛋白为特征的菌株，并且来自健康猪的 QY55、QY65 也以约 38kD 蛋白为特征。不同来源的菌株在各类群中的出现具有随机性，没有明显地域差异；而具有 36～40kD 特征蛋白的菌株则散布于各个类群，提示各种 OMP 迁移率表型的菌株中都有可能表达分子量为 36～40kD 的特征，都存在着致病的可能性。同时也说明，具有相同 OMP 迁移率表型的菌株，各 OMP 成分表达量未必相同，而往往这些差异有可能是导致 HPS 毒力的潜在因素。另外，从标准血清型聚类结果可见，标准血清型菌株（除血清型 9、6、11 外）归属于一个类群，

本研究涉及的分离株大部分归属于另外两个类群。这可能是菌株来源、生长环境不同，或者是亲缘关系不同所致。

　　根据 OMP 成分含量百分数进行聚类分析，主要分为两大类群，第一类群以 43～45kD 蛋白为特征，包含了 22 株来自健康猪的分离株及部分来自患病猪的分离株（图 5－4 中的 Ⅰ 类）；第二类群主要以 36～40kD 蛋白为特征，包括 2 株来自健康猪的分离株（QY55、QY65）（图 5－4 中的 Ⅱ～Ⅶ类）。具有强毒力的标准血清型 5、10、12、14 及弱毒力的标准血清型 2 包含于第二类中。该聚类结果与 OMP SDS-PAGE 图谱的直观分析结果相符。

　　比较两种聚类结果发现，野外分离株 SH018、N7、N10 与标准血清型 5、12（强毒力菌株）、L7 与标准血清型 10（强毒力菌株）的 OMP 表型在迁移率和蛋白成分含量的表达上都十分相似，两种方法聚类都能聚合为同一类型。另外，在 Rf 聚类中，野外分离株 N2－14 与标准血清型 14（强毒力菌株）较相似，SH036、D7 与标准血清型 2 相似，在距离系数为 14 时，分别归属于两个不同的类别（Ⅵ类与Ⅳ类）。而在 OMP 成分含量百分比的聚类中，这些菌株则聚合在同一类中（Ⅶ类）。这些结果提示，上述分离株有可能是潜在的毒力菌株。然而，OMP 表型相同的菌株，其毒力并不相同，如标准血清型 3、4，前者为无毒力菌株，后者为弱毒力菌株。此外，这些野外分离株可能与强毒力菌株的标准血清型存在着遗传方面的近似性。

第六章 副猪嗜血杆菌外膜蛋白的免疫原性

概要：研究人员对来自江西、广东、上海三省市的 82 个副猪嗜血杆菌野外分离株进行了SDS-PAGE分析，采用强毒力的野外分离株的多克隆抗血清，通过 Western blotting 对副猪嗜血杆菌 OMP 和全细胞蛋白的免疫原性进行研究，寻找具有共同抗原决定簇的免疫原性蛋白。结果表明：免疫血清对不同来源的分离株有良好的交叉免疫反应，患病猪的分离株 OMP 和全细胞蛋白具有较强的免疫原性，健康猪的分离株 OMP 免疫原性较全细胞蛋白免疫原性弱，并发现不同菌株的共同免疫原性蛋白为 OMP 中的 37~40kD、28~30kD 特征蛋白。

副猪嗜血杆菌是革兰氏阴性细菌，巴斯德菌科成员之一。近年来有报道指出，副猪嗜血杆菌毒力因子可能与全细胞蛋白、血清型、荚膜物质、LPS、OMP 等有关。OMP 可加快巨噬细胞对抗原的摄取，刺激机体产生体液免疫和细胞免疫，并可抵抗同源菌株和异源菌株的攻击，具有极好的交叉免疫保护作用，越来越受到科学工作者们的重视，已成为研发蛋白亚单位疫苗的候选药物靶标之一。1991 年，Miniat 等证实了不同的血清型菌株具有不同的抗原性，毒力强弱与其免疫后保护力呈正相关。他们还发现，针对 OMP 的抗体的产生与攻毒后的保护有关，但攻毒后获得完全保护的动物没有产生针对脂多糖抗原和荚膜多糖抗原的抗体，由此证明外膜蛋白免疫原性更强。Ruiz 等发现，健康仔猪分离株和患病仔猪分离株的 OMP 不同，而从具有相同特征性临床症状的猪中分离的副猪嗜血杆菌菌株 OMP 基本相同，由此可以推测毒力与细菌某些特定蛋白质之间存在关联。从患病猪体内分离的副猪嗜血杆菌菌株的 OMP 与健康仔猪的不同，而从具有全身性病变症状如多发性浆膜炎和关节炎症状的猪体内分离的菌株的 OMP 则基本相同。OMP 有多种，分别为92kD、88kD、60kD、53kD、46kD、37kD、15kD 等。副猪嗜血杆菌强毒株类似 OMP 蛋白组成特征，其中副猪嗜血杆菌潜在致病性分离株都含有一种分子量约为 37kD 的蛋白质（Nicolet et al.，1980）。来源于健康猪鼻腔黏膜的副猪嗜血杆菌则缺乏该蛋白，提示该蛋白可能与毒力有关（Ruiz et al.，2001）。Oliveira 等（2004a）利用生物信息学对全菌蛋白进行分析得到了相似结果。一种被称为热修饰蛋白（Heat-modifiable protein A，OmpA）的主要外膜蛋白（Major Outer Membrane Protein，MOMP）存在于不同的 HPS 中。Hartmann 等（1995）报道了 HPS 具有一种在 37℃稳定的分子量为 42kD 的 MOMP，经同源序列分析，发现该蛋白与膜孔蛋白类似。Tadjine 等（2004b）报道了 HPS 普遍表达一种分子量约35KD 的 OMP 与 OmpA 相似，该蛋白可能与毒力相关。关于巴斯德菌科 OmpA 的若干功能已经明确，如维持细胞膜的完整性、细菌结合作用、噬菌体的吸附、孔蛋白的活力以及抵抗补体介导的血清杀伤等，但 HPS 的 OmpA 是否存在上述功能还有待进一步研究。Zhou 等（2009）利用双向电泳连同串联质谱的方法对血清型 5 强毒株副猪嗜血杆菌的 OMP 进行分析，共鉴定出 539 个差异蛋白点，其中有 317 个蛋白与该菌的功能有关，这些蛋白大部分与氨基酸转运和代谢、生物合成的次级代谢产物等有关。同时，一些与细菌毒力和铁吸收有关的蛋白也被鉴定。Hong 等（2010）结合 Yue 公布的副猪嗜血杆菌全基因序列和 Zhou 等对副猪嗜血杆菌的分析结果，候选出 22 个外膜蛋白和分泌蛋白进行表达和免疫印迹验证，结果发现了 3 个潜在免疫原性蛋白 ABC 型转运因子 *OppA*、*YfeA* 和 *PlpA* 以及一个蛋白组装因子 *CsgG*，并且这些蛋白可以与血清型 4 和 5 发生交叉反应。

第一节 材料和方法

一、材料

1. 供试菌株

供试菌株为 2007—2009 年从江西、上海、广东三省市不同猪场分离获得的 HPS 野外分离株共 82 株。其中 57 株来自患病猪鼻腔拭子，2 株来自患病猪心血，23 株来自健康猪鼻腔拭子。

2. 副猪嗜血杆菌 OMP 的制备

主要参照 Carlone 等（1986）的 Sarkosyl 法制备。

3. OMP 的 SDS-PAGE

参照 Rosner 和 Kielstein（1992）的方法进行。

4. 抗血清的制备

将体重约 1.5～2kg 的青年兔随机分成 5 组，每组 3 只兔子。观察一周无异常后，进行免疫。

5. 疫苗的制备

选取 5 个强毒力菌株 N16、Z11、N10、N2－14、D19 制备灭活疫苗，过程简述如下：将 HPS 接种于牛心浸脂培养基平板，37℃ 培养过夜。将过夜培养的细菌用无菌 PBS 从培养皿洗下，离心收集，用 0.5% 福尔马林的无菌 PBS 灭活 48h，离心去血清，加无菌 PBS 洗涤 3 次，并稀释至合适浓度，无菌检测合格后（涂布平板无活菌），加入等体积弗氏不完全佐剂乳化，免疫家兔。

二、方法

1. 免疫

（1）初免：分别取浓度为 50 亿/mL 的菌液 2mL，加入等体积弗氏不完全佐剂乳化，对每只家兔臀部分 4 点，以每点 1mL 的剂量进行肌肉注射。

（2）二免：初免后 3 周，进行第二次免疫。取 100 亿/mL 菌液，对每只兔子耳中部静脉各注射 0.5mL。

（3）以后均为耳缘静脉注射，每周免疫两次，免疫剂量同二免。连续四周，末次免疫后第 7 天进行颈动脉采血。

2. 血清分离

无菌操作，颈动脉取血，室温放置 1h ，然后置 4℃放置 1 ~ 2h，3 000r/min 离心 20min 收集血清，加入硫柳汞至终浓度为万分之一（W/V）， -20℃保存备用。

3. HPS OMP 免疫原性分析

用制备的 5 种抗 HPS 免疫血清对 59 个来源于发病猪的 HPS 分离株及部分来源于健康猪的 HPS 分离株的细胞 OMP 及全细胞蛋白进行 Western blotting 检测，比较分析各种血清对于同源菌株和异源菌株以及不同临床背景菌株的免疫反应效应，探讨菌株之间的交叉保护作用。

4. 细菌全细胞蛋白制备

参照 Tadjine 等（2004）的方法，略有改动，过程简述如下：将过夜培养的细菌用无菌 PBS 从平板洗下来，离心收集，PBS 洗涤 3 次，再用 PBS 悬浮细胞，调 OD600 至 0.17 ~ 0.2，为完整细胞悬浮物（Whole-cell Suspension），作为细菌全细胞蛋白样品。

5. SDS-PAGE 和 Western blotting 检测

将电泳完毕的 SDS-PAGE 凝胶进行 Western blotting 检测，参照《现代分子生物学实验技术》的方法。

第二节　　结果与分析

一、同源菌株的 Western blotting

分别用制备的抗 Z11、N10、N16、N2 - 14、D19 5 种 HPS 多克隆免疫兔血清与同源菌株的外膜蛋白、全细胞蛋白进行 Western blotting 检测，结果显示，免疫血清与同源菌株的主要 OMP 成分及全细胞蛋白中的多种蛋白成分起明显的免疫反应。

抗 Z11 免疫血清与同源菌株的主要外膜蛋白能起显著的免疫反应。硝酸纤维素膜经 DAB 显色后，可见 5 条深显色带，分子量约为 30kD、32kD、39kD、45kD、85kD（见图 6 - 1a，7 泳道）。其中，30kD、39kD 蛋白为强免疫源蛋白。Western blotting 结果显示，全细胞蛋白中免疫成分较多，除了相应的 OMP 成分，约 85kD 的蛋白簇呈现强烈的免疫反应（见图 6 - 1a，8 泳道），可见该蛋白簇为 Z11 的强免疫成分之一。

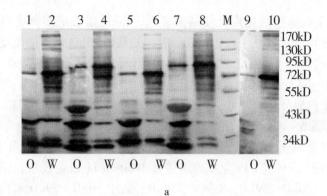

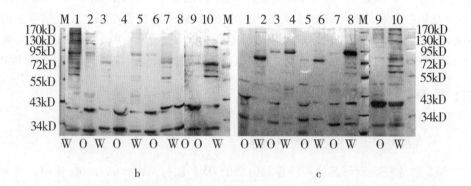

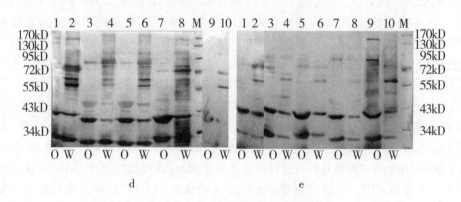

图 6-1　抗 HPS 免疫血清免疫印迹图

注：O 为外膜蛋白；W 为全细胞蛋白；1～10 为不同 HPS 分离株；M 为标准蛋白。

抗 N16 免疫血清与同源菌株 OMP 反应，硝酸纤维素膜上可见分子量为 29kD、38kD 的明显反应条带。此外，在高分子量（85～170kD 之间）可见 4 条明显的免疫反应带，这些条带在 SDS-PAGE 凝胶上微弱显色或几乎不可见，免疫印迹却较明显。可见，这些高分子量 OMP 成分也具有较强的免疫原性（见图 6-1a、b，2 泳道）。

抗 N10、抗 N2-14 的免疫血清分别与同源菌株 OMP 反应，主要反应成分为 29～30kD、39kD 的蛋白，但是其抗血清与同源菌株 OMP 及全细胞蛋白反应却有差异。抗 N10 免疫血清与同源菌株 OMP 反应，30kD、39kD 两主要蛋白均显示出很强的免疫原性（见图

6 – 1d，7 泳道）；全细胞蛋白免疫反应结果显示，45kD 以下的多种蛋白成分免疫原性也很强，50 ~ 90kD 之间也有多种蛋白起免疫反应，尤其约 75kD 蛋白的免疫反应较强（见图 6 – 1d，8 泳道）。抗 N2 – 14 免疫血清与同源 OMP 反应结果显示，29kD 蛋白的免疫反应的强度明显比 39kD 蛋白反应强度低；全细胞蛋白免疫反应结果显示，整个细胞蛋白成分中，52kD 以上的蛋白成分免疫原性更强，而低分子量除了 29kD、37kD 蛋白，几乎没有其他的免疫成分（见图 6 – 1c，10 泳道）。

抗 D19 分离自上海 E 猪场，SDS-PAGE 凝胶上可见的主要蛋白条带为 40kD、28kD（见图 6 – 1a，1 泳道），与抗 D19 免疫血清进行 Western blotting 反应，硝酸纤维素膜上可见 4 条明显反应带：30kD、39kD、85kD、150kD。其中 30kD、39kD 蛋白为主要的免疫成分（见图 6 – 1c，9 泳道），而 39kD 免疫反应带面积较小，说明在 SDS-PAGE 凝胶上的40kD 高密度蛋白并不是单一成分，其中只有约 39kD 成分具有免疫原性。全细胞蛋白免疫反应结果显示，只有 3 ~ 4 个蛋白成分与血清起弱反应（见图 6 – 1e，10 泳道）。可见，抗 D19 免疫血清中所含的抗体成分与其余 4 种抗血清不同，该免疫血清抗体主要抗 OMP。

二、异源菌株的 Western blotting

（一）来自患病猪菌株的 Western blotting

分别用 5 种免疫血清与其他 4 种异源菌株的 OMP 进行 Western blotting 反应，检测异源菌株之间的交叉反应效应。结果显示，5 种血清均能与异源菌株的 OMP 产生免疫反应，28 ~ 30kD、38 ~ 40kD OMP 成分为主要免疫原性蛋白，证明这些蛋白具有共同的抗原决定簇。全细胞蛋白免疫反应结果显示，除了抗 N16、抗 D19 免疫血清的免疫性较弱外，其余三种免疫血清均能与所有异源菌株的全细胞蛋白起明显的免疫反应。由此证实了不同菌株之间具有明显的交叉保护作用（见图 6 – 1a、b、c 和 d，9 泳道）。

为了进一步验证 HPS 不同菌株之间是否具有免疫交叉保护作用，进而用 5 种免疫血清对另外 54 株分离自患病猪的 HPS 分离株 OMP 及全细胞蛋白进行 Western blotting 检测。结果与之前所述相符，5 种免疫血清均与绝大部分菌株的 28 ~ 30kD、38 ~ 42kD、75kD 或 85kD 甚至更高分子量的 OMP 的一种或几种成分反应，并且全细胞蛋白也显示出较强的免疫反应。

抗 Z11 免疫血清中，不仅存在着抗大部分实验菌株的 OMP 抗体，也存在着大量抗非 OMP 成分的抗体。抗 Z11 免疫血清与所有来自患病猪分离株 OMP 的 38 ~ 42kD 蛋白产生免疫反应，即反应率达 100%，其中约 70% 的菌株呈强免疫反应；与 28 ~ 30kD 蛋白的免疫反应率约为 97%，其中约 50% 的菌株呈强免疫反应。且对于相同来源与编号为 SH 的菌株总体的免疫交叉反应效果更好。

抗 N16 免疫血清对 OMP 的 28 ~ 30kD、38 ~ 42kD 蛋白的免疫性较强，具有较好的免疫交叉反应效应（见图 6 – 1d，2 泳道和 6 泳道），能与所有菌株的这两个蛋白成分起强反应（反应率达 100%）。此外，OMP 若干高分子量蛋白成分也呈现出明显的免疫反应。

抗 N10 免疫血清对 OMP 主要成分免疫性较好，与 28 ~ 30kD 蛋白的免疫反应率达 100%，其中约 78% 的菌株呈强免疫反应；与 38 ~ 42kD 蛋白的免疫反应率为 97%，其中约 78% 的菌株呈强免疫反应。且对于同来源菌株及部分编号为 SH 的菌株交叉免疫反应效果更好。

抗 N2－14 免疫血清中含有的抗体成分较多（见图 6－1d，10 泳道），交叉免疫反应并没有明显的地域关联性。与 OMP 28～30kD、38～42kD 蛋白的免疫反应率达 100%，其中，38～42kD 蛋白呈现出更强的免疫原性，强免疫反应率达 88%，而 28～30kD 蛋白的强免疫反应率只有约 64%。

综上所述，5 种免疫血清与来自患病猪的 HPS OMP 具有明显的免疫反应，主要反应成分为 28～30kD、38～42kD 蛋白，但是不同的血清对于相同菌株，或不同菌株对于相同的血清，这两种蛋白的免疫反应强度并不完全相同。抗 N16 免疫血清与所有菌株的 28～30kD、38～42kD 蛋白成分均为强免疫反应，抗 N2－14、抗 N10、抗 D19、抗 N16 免疫血清则没有显示出 100% 的强免疫效应。但根据 5 种免疫血清的免疫反应情况，可得出大部分 HPS OMP 的 28～30kD、38～42kD 蛋白具有共同抗原决定簇的结论。此外，绝大部分菌株的全细胞蛋白成分也显示出较强的免疫原性。根据试验结果，可初步推断本研究涉及的来自患病猪的 HPS 之间存在着较好的交叉保护作用。

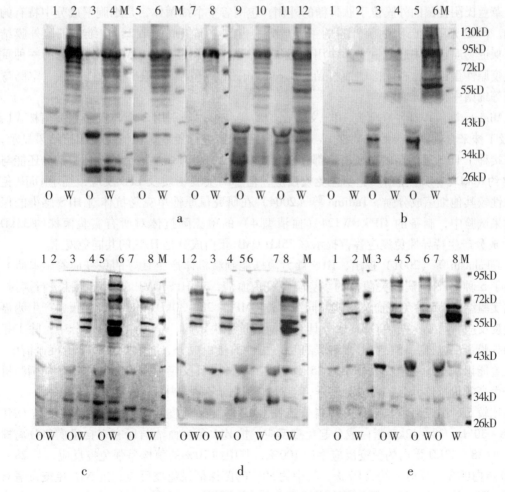

图 6－2 抗健康猪 HPS 免疫血清免疫印迹图

（二）来自健康猪菌株的 Western blotting

5 种免疫血清分别与部分来源于健康猪的分离株（编号为 QY）的 OMP 及全细胞蛋白进行 Western blotting 检测，结果显示，不同免疫血清与实验菌株的免疫反应很不规律。编号为 QY 的菌株 OMP 表型很相似，均具有约 45kD 特征蛋白，但相同或不同免疫血清发生的免疫反应却存在差异（见图 6 - 2a，1 泳道）。5 种免疫血清与分离自健康猪的 HPS OMP 的反应各不相同，部分菌株 OMP 免疫反应明显，部分菌株反应微弱，全细胞蛋白（除了抗 D19 免疫血清）均具有较强的免疫原性。总体而言，来源于健康猪的 HPS，大部分菌株的全细胞蛋白免疫原性相对较强（见图 6 - 2a ~ e 中的 O），OMP 的免疫原性相对较弱（见图 6 - 2a ~ e 中的 W）。

第三节　评　价

革兰氏阴性菌的外膜位于肽聚糖的外侧，包围着整个细菌体，是细胞壁成分中特有的结构。OMP 是革兰氏阴性菌外膜的主要成分，占其全部组成的 1/2，在维持细胞外膜结构、保证物质运输中起着重要的作用。近年来，革兰氏阴性菌的 OMP 作为细菌的一种重要免疫原性蛋白，已在流感嗜血杆菌、E. coli、鼠伤寒杆菌、胸膜肺炎放线杆菌、空肠弯曲菌等细菌中得到证实。

Miniats 等（1991）在研究 HPS 交叉保护的实验中，分别用 2 个与疾病相关菌株 V1、V2 及 1 株来自健康猪鼻腔的菌株 LV 制备灭活苗对猪进行免疫。血清免疫印迹结果显示，所有接种了 HPS 灭活苗的猪血清中都存在着抗 OMP 约 37kD 蛋白成分的抗体，部分还能与OMP 约 67kD、94kD 蛋白产生明显免疫反应，但不与荚膜物质及 LPS 反应，提示 OMP 免疫原性较其他细菌成分强。Tadjine 等（2004）在研究鼠原性单克隆抗体对 HPS 感染的保护效果试验中，制备的 HPS SW124（血清型 4）的单克隆抗体对所有实验菌株约 35kD OMP 成分产生特异性免疫应答，提示该 35kD OMP 蛋白成分是 HPS 的共同免疫原。

Takahashi 等（2001）提出，HPS 毒力菌株能刺激机体产生良好的免疫应答。本研究制备了 5 种 HPS 疾病相关菌株的多克隆免疫兔血清，对 HPS OMP 的免疫原性进行探讨。根据实验结果，5 种免疫血清均能与同源菌株 OMP 的 28 ~ 30kD、38 ~ 42kD 蛋白产生明显的免疫反应，可见这两种 OMP 成分具有共同的抗原决簇。全细胞蛋白成分中，除了相应的外膜蛋白以外，还存在着多种具有免疫原性的蛋白成分，尤其是抗 Z11 免疫血清中，存在着能识别全细胞蛋白成分中约 85kD 蛋白的抗体，且反应很强。证实了 HPS 能刺激机体产生高效价抗体，且抗体成分多样，能对本菌株的多种蛋白成分产生抗性。

比较 5 种免疫血清与来自患病猪分离株 OMP 的交叉免疫效应，5 种血清主要与 OMP 的 28 ~ 30kD、38 ~ 42kD 蛋白成分起免疫反应。抗 Z11 免疫血清与所有来自患病猪分离株 OMP 的 38 ~ 42kD 蛋白的免疫反应率达 100%，其中约 70% 的菌株呈强免疫反应，与 28 ~ 30kD 蛋白的免疫反应率约为 97%，其中约 50% 的菌株呈强免疫反应；抗 N16 免疫血清对这两种蛋白的免疫性均很强，反应率达 100%；抗 N10 免疫血清与 28 ~ 30kD 蛋白的免疫反应率达 100%，其中约 78% 的菌株呈强免疫反应，与 38～42kD 蛋白的免疫反应率为 97%，其中约 78% 的菌株呈强免疫反应；抗 N2－14 免疫血清与 OMP 28～30kD、38～42kD 蛋白的免疫反应率达 100%，其中 38～42kD 蛋白呈现出更强的免疫原性，强免疫反应率达 88%，而 28～30kD 蛋白的强免疫反应率只有约 64%；抗 D19 与 28～30kD、38～42kD OMP 成分免疫反应率达 100%，38～42kD 蛋白的强免疫反应率达 100%，而 28～30kD 蛋白的强免疫反应率约为 75%。抗 Z11 与抗 N16 免疫血清对于同来源的菌株交叉免疫效应更好，抗 N10、抗 D19、抗 N2－14 免疫血清则没有明显的地域关联性。

本研究中实验菌株的全细胞蛋白的免疫印迹结果显示，除了抗 D19 免疫血清的免疫性相对较弱以外，其余 4 种免疫血清都具有较强的免疫性，证实全细胞蛋白具有较好的抗原性，且抗原成分较多，交叉免疫保护更全面。

根据反应强度的不同，各种免疫血清与 OMP 的反应可分为几个小类，但根据反应条带的分子量，可分为两大类：第一类以 36～40kD 蛋白为特征，主要反应蛋白成分为 28～30kD、38～42kD、75kD 蛋白；第二类以 43～45kD 蛋白为特征，主要反应条带为 28～30kD、38～42kD、85kD 蛋白，其中 45kD 蛋白弱反应或不反应。从免疫学角度证实了根据 OMP SDS-PAGE 表型，可将 HPS 分为两个 PAGE 型的观点。

5 种免疫血清与部分来自健康猪的分离株进行免疫印迹检测，OMP 总体表现为弱免疫原性，而全细胞蛋白免疫原性则较强。可见，来自健康猪分离株的 OMP 抗原性相对较弱，而来自患病猪分离株的 OMP 则具有较强的抗原性，由此证实：在本研究中，来自患病猪的分离株交叉保护效果较健康猪分离株好，并由此推测 HPS 不同菌株的交叉保护作用可能与菌株的临床背景相关。

目前，学界普遍认为 HPS 不同菌株之间缺乏有效的交叉保护作用。本研究制备的 5 种免疫血清，对供试菌株均表现出了较好的交叉免疫反应。特别是主要 OMP 的 28～30kD、38～42kD 蛋白成分，为绝大部分菌株的共同免疫原，能刺激机体产生大量抗体。Martin 等（2009）对不同疫苗成分接种动物后的血清抗体进行测定后发现，OMP 重组疫苗刺激机体产生的抗体与非商业疫苗的相似，可以认为 OMP 是一种很好的疫苗成分。结合本研究结果，我们认为，28～30kD、38～42kD 主要 OMP 成分可为开发广谱、高效的 HPS 基因工程疫苗提供参考。

第七章 副猪嗜血杆菌野生株的基因分型多态性

概要： 副猪嗜血杆菌能引起猪格拉瑟氏病和猪的其他临床失调，也能从健康猪的上呼吸道中分离到病原菌，分类株有毒力差异。本研究中，用60kD热休克蛋白（hsp60）基因的部分测序作为流行病学标准评价，我们分析了103个副猪嗜血杆菌和其他相关细菌的hsp60和16S rRNA基因的部分序列，以便获得这些菌株的更好分类和检测其与毒力的相关性，之后将结果与通过肠杆菌科基因的保守重复一致序列PCR结果进行了比较。结果表明，hsp60是副猪嗜血杆菌流行病学研究的可靠标准，它的序列分析比指纹方法更好。而且，hsp60和16S rRNA基因序列分析显示存在毒力菌株分离世系，表明在副猪嗜血杆菌和放线杆菌菌株之间发生了基因横向迁移。

副猪嗜血杆菌是巴斯德菌科中的一种革兰氏阴性菌，是猪格拉瑟氏病的病原菌，以浆液纤维素性到多发性纤维素性、脓性浆膜炎、关节炎和脑膜炎为特征。副猪嗜血杆菌也会导致其他临床暴发，如肺炎和突然死亡，引起小猪群高发病和高死亡率。基于小猪与母猪早期隔离的现代生产体系似乎促进了格拉瑟氏病的流行。通常从肺组织分离副猪嗜血杆菌，但也可从健康猪的上呼吸道中分离，脑膜、心包膜、胸膜和关节是临床诊断的更好病料。

1992年，Kielstein和Rapp-Gabrielson确定了副猪嗜血杆菌的15个血清型并证明了它们的毒力差异，菌株范围从高毒力到无毒力，从其他表现型和基因分型特征上也已经证明菌株的可变性。由于猪是唯一已知的副猪嗜血杆菌生长的天然寄主，这种毒力的高度可变性可能是一种有趣特征并可能代表着对动物不同器官寄居和侵入的不同适应。与假设相一致的是，Oliveira等报道过以血清型1、2、4、5、12、13、14（和不能分型的分离株）与全身部位分离株有联系，而血清型3（和不能分型的分离株）与上呼吸道分离株有关。不幸的是，还不清楚血清型和毒力之间的关系，甚至属于同一血清型的菌株显示不同程度的毒力。毫无疑问，血清分型通常用于副猪嗜血杆菌的分型，虽然对流行病学来说，它不能提供分离株的足够证据，但更重要的是有可观比例的分离株用该技术不能分型。虽然副猪嗜血杆菌基因组序列信息有限，但几个研究小组已经尝试用不同的基因分型技术解决野生菌株的分型问题。副猪嗜血杆菌很少知道的序列之一是16S rRNA基因。16S rRNA基因序列适应于种的鉴定和定义。该序列已成功用于巴氏杆菌在种水平上的分类，能够将副猪嗜血杆菌与其他来源于猪的依赖NAD的巴氏杆菌微生物区别开来，主要是小放线杆菌、猪放线杆菌和吲哚放线杆菌。然而，16S rRNA基因序列由于缺乏种水平以下的可变性而不适用于对菌株的区分。最近，有学者提出了限制片段长度多态性PCR（RFLP-PCR）用于

tbpA 和 *aroA* 序列分析，但这些技术的应用不能提供菌株间系统发生的足够信息。区分野生菌株的另一项技术是应用肠杆菌基因间保守重复序列 PCR（ERIC-PCR）。对于副猪嗜血杆菌菌株来说，ERIC-PCR 指纹是高度多样的，虽然该方法有益于地方流行病学研究，特别是用于评价养猪场不同菌株间的传播，但对全球研究没有实践意义。此外，用 ERIC-PCR 获得的结果以及 RFLP-PCR 获得的结果表明，不同实验室获得的这些结果难以比较。因此，非常需要能够用于全球研究的改良方法。

在尝试寻找副猪嗜血杆菌分类更适应和更可靠的流行病学标准时，我们决定采用 *hsp*60 基因部分测序。我们选择该方法有几个理由：首先，结果（如序列）容易在实验室中被比较和重复。其次，*hsp*60 是普遍存在的基因，因而它肯定存在于所有的菌株中。再次，*hsp*60 被证实在细菌关键功能中起作用，如嗜肺性军团病杆菌（*Legionella pneumophila*）的致病作用，对幽门螺杆菌（*Helicobacter pylori*）的免疫应答作用和维护共生细菌如 *Buchnera spp* 的蛋白质组的作用。因此，利用这个基因自然选择来鉴别不同毒力菌株是可能的，为毒力菌株提供额外的信息。最后，副猪嗜血杆菌 *hsp*60 可能在低于种水平以下有足够的可变性，如同用人和猪病原体所证明的那样。

这里，我们评价了用 *hsp*60 序列作为副猪嗜血杆菌分子流行病学的标准和用先前描述的方法完成的野生菌株变异的研究。

第一节　材料和方法

细菌菌株和培养条件：总共 103 个菌株，包括 13 个副猪嗜血杆菌参考菌株（见 "16S rRNA 和 *hsp*60 部分序列的分子分型表"）。野生菌株包括临床分离株、全身性和呼吸道和来自没有格拉瑟氏病的养猪场的健康小猪的鼻分离株。为了获得鼻腔分离株，根据健康状况，选择了西班牙两个分离区中的四个养猪场。每个养猪场取 8～10 个鼻拭子并转移到实验室的 Amies 培养基中，接种于巧克力琼脂平板上分离菌落。在 5% CO_2、37℃的环境下培养 2～3 天后，选择可疑菌落进行移植培养，以进一步分析。除了经典的生物化学试验外，用 16S rRNA 基因测序完成最后鉴定。临床分离株由西班牙巴塞罗那自治大学兽医学院传染病系、E. Rodríguez（西班牙隆而大学）、Gustavo C. Zielinski（阿根廷国家农业科技协会）、T. Blaha（德国消费者健康保护和兽医医药联邦研究所）友情提供。本研究中还包括密切相关种的菌株：小放线杆菌、吲哚放线杆菌、猪放线杆菌、胸膜肺炎放线杆菌和多杀性巴氏杆菌等。所有的菌株都在 20% 甘油－脑心浸液肉汤中以 -80℃保存，并在巧克力琼脂平板上 5% CO_2、37℃条件下常规培养。

DNA 提取、PCR 和测序：对每个菌株来说，用无菌的磷酸盐缓冲液制成菌悬液，用 NucleoSpin 试剂盒，按说明书提取基因组 DNA。

为了鉴定的需要，扩增 16S rRNA 基因并测序。完成 16S rRNA 基因扩增采用：3mmol/L $MgCl_2$，每一种脱氧三磷酸核苷酸浓度为 0.2mmol/L、5μL 提取的 DNA，0.5 μmol/L前端引物（16S－up［5'－AGAGTTTGATCATGGCTCAGA－3'］），0.5 μmol/L 反向引物（16S－dn［5'－AGTCATGAATCATACCGTGGTA－3'］），1.5 U EcoTaq 聚合酶，共

50μL 反应混合物。

hsp60 和 16S rRNA 基因扩增子测序采用 BigDye Terminator v3.1 试剂盒和 ABI 3100 DNA 测序仪,用 PCR 同样的引物和加入 16S rRNA 基因内部引物:16SI1 [5' – TTGACGT-TAGTCACAGAAG – 3']、16SI2 [5' – TTCGGTATTCCTCCACATC – 3']、16SI3 [5' – AACGT-GATAAATCGACCG – 3'] 和 16SI4 [5' – TTCACAACACGAGCTGAC – 3']。为了鉴定的需要,用 BLAST 算法程序完成序列数据研究。搜索 NCBI 和 Ribosomal 两个数据库的数据来比较研究。

16S rRNA 和 *hsp*60 部分序列的分子分型表

菌株（毒株）	分离部位	分离国家	16S rRNA ST	*hsp*60 ST
副猪嗜血杆菌参考菌株[a]				
SW140（毒株）	未知（健康动物）	日本	B	15
C5（温和毒株）	未知	瑞典	C	5
H465（无毒株）	气管	德国	C	14
D74（无毒株）	未知	瑞典	G	27
174（无毒株）	鼻子	瑞士	G	26
84 – 15995（毒株）	肺	美国	H	15
长崎（高毒株）	全身	日本	H	15
48 – 22113（高毒株）	全身	美国	H	28
SW124（毒株）	未知（健康动物）	日本	I	1
EM4	未知	未知	Z	11
SW114（无毒株）	未知（健康动物）	日本	AD	4
4（高毒株）	未知（健康动物）	日本	AD	4
H367（高毒株）	未知	德国	AF	34
副猪嗜血杆菌野生株[b]				
SC14 – 2	鼻子	西班牙	A	20
SC14 – 7	鼻子	西班牙	A	20
SC18 – 3	鼻子	西班牙	A	20
CA36 – 1	鼻子	西班牙	A	18
CA37 – 1	鼻子	西班牙	A	18
SC18 – 6	鼻子	西班牙	A	21
SC14 – 1	鼻子	西班牙	A	16
SC12 – 1	鼻子	西班牙	A	10
MU26 – 2	鼻子	西班牙	A	19

（续上表）

菌株（毒株）	分离部位	分离国家	16S rRNA ST	*hsp*60 ST
03/05	肺	葡萄牙	A	4
279/03	肺	西班牙	A	5
SC18 – 4	鼻子	西班牙	B	20
FL8 – 3	鼻子	西班牙	B	22
N67 – 1	鼻子	西班牙	B	16
N139 – 05 – 4	鼻子	西班牙	B	1
37	未知（患病动物）	西班牙	B	10
4959	未知（患病动物）	德国	B	14
P555/04	全身	阿根廷	B	9
2757	肺	德国	C	43
7710	肺	德国	C	14
LH9N – 4	鼻子	西班牙	C	5
34	未知（患病动物）	西班牙	C	7
3023	肺	德国	C	23
CD8 – 1	鼻子	西班牙	D	4
CD8 – 2	鼻子	西班牙	D	4
CD9 – 1	鼻子	西班牙	D	4
CD10 – 4	鼻子	西班牙	D	4
CD11 – 4	鼻子	西班牙	D	4
112/02	全身	西班牙	D	16
VB4 – 1	鼻子	西班牙	E	6
32 – 4	鼻子	西班牙	E	4
CA32 – 1	鼻子	西班牙	E	24
CA36 – 2	鼻子	西班牙	E	16
58g	未知（患病动物）	西班牙	E	16
256/04	肺	葡萄牙	E	7
167/03	肺	西班牙	E	1
VB5 – 5	鼻子	西班牙	F	2
VS6 – 2	鼻子	西班牙	F	2
VS6 – 10	鼻子	西班牙	F	2
VS7 – 1	鼻子	西班牙	F	2
VS7 – 6	鼻子	西班牙	F	2
416 – 1	鼻子	西班牙	F	2

（续上表）

菌株（毒株）	分离部位	分离国家	16S rRNA ST	hsp60 ST
IQ8N – 6	鼻子	西班牙	G	25
4590	肺	德国	G	27
CA38 – 4	鼻子	西班牙	H	15
23/04	全身	西班牙	I	1
61/03	肺	西班牙	I	29
66/04 – 7	未知	美国	J	5
2620	全身	德国	J	13
4857	全身	德国	J	30
SC19 – 1	鼻子	西班牙	K	17
SC19 – 2	鼻子	西班牙	K	17
SC19 – 4	鼻子	西班牙	K	17
F9	鼻子	西班牙	L	2
392/03 – 5	未知	德国	L	4
CD7 – 3	鼻子	西班牙	M	4
IQ9N – 3	鼻子	西班牙	M	7
FL3 – 1	鼻子	西班牙	N	31
233/03	肺	西班牙	N	9
N139/05 – 2	鼻子	西班牙	O	1
34/03	全身	阿根廷	O	32
66/04 – 1	未知	英国	P	12
66/04 – 4	未知	英国	P	12
JA	未知（患病动物）	英国	Q	8
373/03A	全身	西班牙	Q	15
MU21 – 2	鼻子	西班牙	R	19
MU25 – 5	鼻子	西班牙	R	19
FL1 – 3	鼻子	西班牙	S	1
230/03	肺	西班牙	T	3
264/99	全身	西班牙	U	3
228/04	肺	西班牙	V	33
P015/96	肺	阿根廷	X	8
66/04 – 3	未知	英国	Y	9
66/04 – 8	未知	英国	Z	35
RW	未知	英国	AA	6

（续上表）

菌株（毒株）	分离部位	分离国家	16S rRNA ST	hsp60 ST
4503	肺	德国	AB	13
393/03－4	未知（患病动物）	德国	AC	36
SC11－4	鼻子	西班牙	AE	16
其他分离株				
吲哚放线杆菌 37E3	未知	未知		
猪放线杆菌 245/04	全身	西班牙		
猪放线杆菌 4598	全身	德国		
猪放线杆菌 Sp62	未知	未知		
猪放线杆菌 B－20	未知	未知		
猪放线杆菌 27KC10	未知	未知		
小放线杆菌 49	未知（患病动物）	西班牙		
小放线杆菌 2134	未知（患病动物）	西班牙		
胸膜肺炎放线杆菌 262/04	肺	西班牙		
胸膜肺炎放线杆菌 38	未知（患病动物）	西班牙		
分类群 C CAPM5113	未知	未知		
多杀性巴氏杆菌 151/04	肺	西班牙		

注：a. 毒株是根据 Kielstein 和 Rapp-Gabrielson 的描述确定的；
　　b. 已经鉴定的相同猪场分离株用菌株的前两个字母代表。

对于 ERIC-PCR，纯化的 DNA 用分光光度计定量，用 100ng 作模板，用先前所述的程序完成该技术，包括最终延伸 20 分钟。取 PCR 产物 5μL，加入 2% 琼脂糖凝胶中，70V、3h 电泳分析。用 50mmol/L 三羟甲基氨基甲烷和 5mmol/L EDTA 缓冲值（pH7.4）对 SYBR 金溶液做 1：10 000 稀释，染色 30min。图谱用成像仪分析。为了达到正常化目的，琼脂糖平板外侧加 Superladder-Mid 1 dsDNA 试剂盒。用 Bio-Rad 图像成像仪摄取凝胶图像并以 TIFF 文件储存，待进一步分析。100～4 000bp 的带用于分析。

数据分析：用 Fingerprinting II v3.0 软件完成 ERIC-PCR 指纹分析、序列编辑分析和相似矩阵计算。用 MEGA 2 程序完成系统发生树研究。

ERIC-PCR 普带标准化，并进行 Pearson 相关相似矩阵计算。按前期介绍的平均数连接非权重配对分组法（UPGMA）完成 ERIC-PCR 指纹的聚类分析。hsp60 和 16S rRNA 基因部分序列以 1 000 自举值构建最大简约法和 NJ 树，以 <50% 自举值支持下为崩塌分支。

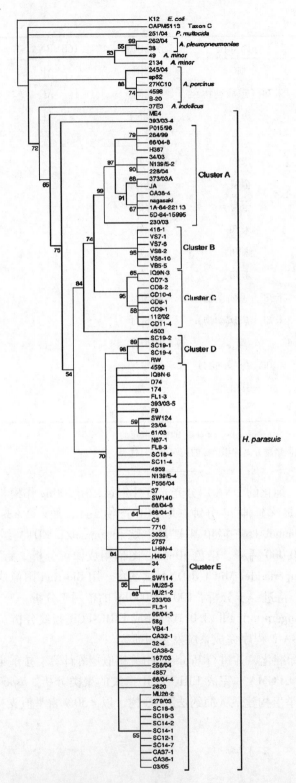

图 7 - 1　副猪嗜血杆菌 16S rRNA 基因部分序列（1 000 自举值）的 NJ 树
（节点处的数据表示 1 000 个泳道中出现的分支百分比）

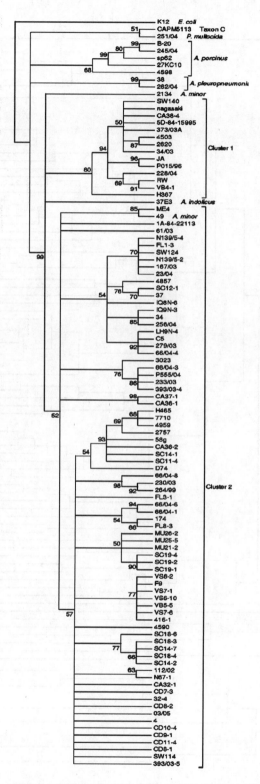

图 7 - 2 副猪嗜血杆菌 *hsp*60 部分序列（1 000 自举值）的 NJ 树

（节点处的数据表示 1 000 个泳道中出现的分支百分比）

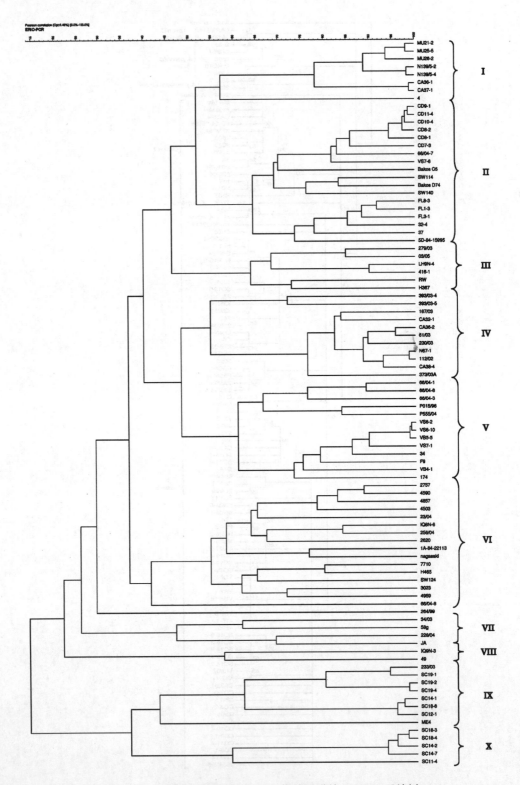

图 7 - 3　副猪嗜血杆菌 ERIC-PCR 指纹图谱的 UPGMA 系统树

第二节　结　果

1. 16S rRNA 基因测序

副猪嗜血杆菌和放线杆菌菌株获得了长度分别为 1 391 和 1 394 的部分 16S rRNA 基因序列（GenBank 序列编号为 DQ228974 ～ DQ229076）。这些序列与大肠杆菌 K-12 的 16S rRNA 基因序列的 50 - 1448 核苷酸相匹配。在 1 397 总位点的匹配序列上有 251 个可变位点（18%），构建了配对线性相似矩阵。在副猪嗜血杆菌中配对相似范围为 95.04% ～ 100%。通过测定每个不同的序列，即使只有一个核苷酸不同，作为序列的一个分型（ST），也能在副猪嗜血杆菌中确定 30 个不同的 ST（通过连续字母 A ～ Z 和 AA ～ AF 表示）。有趣的是，ST I、J 和 Q 与临床分离株有关，而 ST F、K 和 M 只存在鼻腔分离株中。显而易见，ST H 代表三个毒力参考菌株。最大简约法和 NJ 树分析结果是一致的（见图 7-1）。该分析表明，65% 自举值支持单元性聚类含有的所有副猪嗜血杆菌菌株。后来又在副猪嗜血杆菌聚类内部测定了几个亚聚类。聚类 A（见图 7-1）由高自举值（99%）支持，包含毒力参考菌株 H367、Nagasaki、84-22113、84-15995 与（主要是全身）临床分离株和唯一一个鼻腔分离株（CA38-4）。值得注意的是，菌株 CA38-4 是从有格拉瑟氏病的养猪场分离的。三个亚聚类显示 95% 或更高自举值，但它们都由从同一个猪场收集来的关系非常密切的分离株组成聚类群 B、C 和 D（见图 7-1）。聚类群 C 和 D 包括来自病猪的分离株，而聚类 B 由鼻分离株组成。最后，主要聚类（聚类 E）包含临床鼻分离株剩余部分和参考菌株 4、D74、174、C5、H465 和 SW114。

2. *hsp*60 测序

一旦将菌株分类到种水平，我们就可以试验副猪嗜血杆菌分离株基因分型中的 *hsp*60 序列值。因此，从 103 个菌株中获得了 596 个核苷酸的部分序列（GenBank 编号为 DQ198861 ～ DQ198950 和 DQ228961 ～ DQ228973）。这些序列与大肠杆菌 K-12 的 *groEL* 基因的 254 - 849 核苷酸相匹配。所有序列均为没有缺失的匹配，596 个位点有 228 个（38%）位点可变，配对相似范围为 93.63% ～ 100%。重要的是，ST3、8、9、12 和 13 与临床分离株相关，而 ST2、17 和 19 只在鼻分离株中发现。进一步序列测定表明序列变化主要限制在第三密码子位置（只有 24% 的氨基酸位点可变），非同源到同源置换的平均比率（ω）是 0.05。图 7-2 显示序列 NJ 树一致。16S rRNA 基因和 *hsp*60 NJ 树之间的一致以 Pearson 积矩相关系数计算为 75%。在 *hsp*60 序列一个单元的聚类中的所有副猪嗜血杆菌组受到 99% 自举值支持。出乎意料的是，以前用 16S rRNA 基因测序鉴定为放线杆菌的三个菌株也包括在副猪嗜血杆菌聚类中：吲哚放线杆菌参考菌株 37E3、小放线杆菌分离株 49 和 2134（见图 7-1、7-2）。聚类 1（见图 7-2）包括野生分离株，主要是临床分离株和毒力参考株 SW140、Nagasaki、84-15995 和 H367。聚类 2（见图 7-2）由七个内部分支构成，其中包括大多数野生分离株和参考菌株 4-22311、SW124、C5、H465、D74、174、4 和 SW114。第二聚类也含有小放线杆菌分离株 49。

NCBI 数据库中放线杆菌菌株的 *hsp*60 序列分析表明存在推定的 DNA - 摄取信号序列

(USS)。在胸膜肺炎放线杆菌 *hsp*60 基因（编码 U55016）中，能检测到与流行性感冒嗜血杆菌的 USS（AAGTGCGGT）非常相似的两个序列（在 226 位点上的 AAGTGGCGT 和 1146 位点上的 AAGTGGCTGA）。还在尿素放线杆菌 *hsp*60 部分序列中（编号 AY123720）检测到 AAGTGGCTG 序列。本研究中获得了副猪嗜血杆菌和放线杆菌序列，在扩增子 562 位置上出现序列 AAGTGGCT/AG。这些假定的 USS 的存在，与 16S rRNA 基因不同，拓扑学和 *hsp*60 树一起支持放线杆菌和副猪嗜血杆菌中 *hsp*60 基因出现的横向转移。

3. ERIC-PCR 指纹

笔者将数据与先前对副猪嗜血杆菌的 ERIC-PCR 分析数据进行了进一步比较。副猪嗜血杆菌分离株的 ERIC-PCR 图谱有高度多态性，发现有时在不同指纹之间没有共有带。基于曲线 Pearson 相关矩阵计算后，ERIC-PCR 指纹相似范围为 0～99.07%。ERIC-PCR 指纹有更多的可变性，导致比 *hsp*60 和 16S rRNA 基因序列更少相似性。UPGMA 树建立后，确定了 10 个不同聚类（Ⅰ～Ⅹ）（见图 7-3）。聚类Ⅰ含有来自西班牙的三个不同养猪场的鼻分离株和参考菌株 4。聚类Ⅱ含有鼻和肺分离株和五个参考菌株（C5、D74、SW114、SW140 和 84-15995）。聚类Ⅲ、Ⅳ和Ⅴ包含不同来源（西班牙、德国、英国和阿根廷）的分离株和来自罹病动物的几个分离株。参考菌株 H367 包含在聚类Ⅲ中，菌株 174 包含在聚类Ⅴ中。聚类Ⅵ明显地主要由毒力参考株 Nagasaki、84-22113 和 SW124 和来自罹病动物分离株组成。只有非毒力参考株 H465 和鼻分离株 IQ8N-6 包含在聚类Ⅵ中。聚类Ⅶ由来自西班牙、英国和阿根廷的四个临床分离株组成。聚类Ⅸ和Ⅹ主要是来自同一养猪场的鼻分离株。

第三节　评　价

为了改善副猪嗜血杆菌菌株流行病学研究，我们使用 *hsp*60 基因作为标准。本研究对副猪嗜血杆菌 *hsp*60 和 16S rRNA 基因进行了大量测序工作，也首次报道了副猪嗜血杆菌、吲哚放线杆菌、猪放线杆菌和小放线杆菌 *hsp*60 序列。所有菌株（包括放线杆菌菌株）试验均是测序（如分型）。

像我们期望的那样，*hsp*60 片段的测序反映了测试菌株的高水平变异，为种水平以下提供了比 16S rRNA 基因更好的分辨率。*hsp*60 序列比 16S rRNA 基因序列有更多的可变因素和更少配对相似性，也就是说，即使 16S rRNA 基因序列更长，也能提供比 *hsp*60 序列更少量的等位基因。此外，*hsp*60 部分序列测序所耗费的劳力更少，与血清分型情况不同，所有的菌株都可分型。另外，序列容易在不同实验室之间进行比较。所有这些特点使得该方法更适合于帮助副猪嗜血杆菌全球流行病学研究做出确切的鉴定。

像以前提到的一样，ERIC-PCR 图谱有高度的异质性，ERIC-PCR 指纹有益于紧密相关分离株的鉴别（如确定分离株是否来自同一养猪场或动物，事实上是同一动物或不同菌株），但由于它们有太多的多态性以致不能找到更远距离分离株之间的关系。另外，ERIC-PCR 指纹的一些聚类由来自不同国家的菌株组成。这可能表明，要么是一些菌株有非常普遍的分布，要么是基因组重新整理产生的指纹完全是随机的。由于后者的解释似乎不大可能，我们支持前者，猪贸易的全球化对此至少可做出部分解释。

　　hsp60 和 16S rRNA 基因测序研究使这些菌株分布在聚类组中。hsp60 和 16S rRNA 基因的系统发育分析导致了副猪嗜血杆菌的单系聚类。虽然基因树之间还没有完全一致，但在两种分析中均可确定一个清晰的毒力参考菌株和全身病灶分离株的亚聚类（图 7 – 1 的聚类 A 和图 7 – 2 的聚类 1）。这个聚类特别有趣，因为是首次表明副猪嗜血杆菌菌株存在高度致病世系。然而，还有一些临床分离株分布在其他聚类中，提示用单基因方法很难得到明确的结论。用 hsp60 序列对副猪嗜血杆菌进行研究显示出两个独立聚类（图 7 – 2 中的聚类 1 和聚类 2）。聚类 1 包括几个毒力参考菌株，聚类 2 主要包括大多数副猪嗜血杆菌菌株，在 7 个分支显示清晰结构。检测到了两个树（16S rRNA 基因和 hsp60）拓扑学中的某些不一致，包括副猪嗜血杆菌、吲哚放线杆菌和小放线杆菌菌株。这可能是由于副猪嗜血杆菌、吲哚放线杆菌和小放线杆菌之间近期的分歧或构成了副猪嗜血杆菌和放线杆菌菌株之间基因水平横向转移的迹象。与后者解释一致，来自小放线杆菌菌株 49 的 hsp60 基因序列表明与副猪嗜血杆菌 ME4 株对应的基因高度一致。另外，在两个树之间有改变位置的其他菌株，即菌株 230/03、264/99 和 66/04 – 8 在其他聚类上的例子。事实上，系统发生树拓扑学分歧未料到的相似性和罕见的系统发育图谱的原因之一是菌株之间水平的横向基因转移。支持在这些菌株之间横向基因转移的附加信息是最近描述的副猪嗜血杆菌的自然转移和在放线杆菌和嗜血杆菌种类中观察到推定的 USS。研究人员还从副猪嗜血杆菌中分离出了天然的质粒，该质粒与在胸膜肺炎放线杆菌中发现的质粒关系密切。因此，可以推断这些质粒也在这些种群之间水平横向转移。

　　考虑到发现的大量不同的 ERIC-PCR 指纹，结合系统树不同的拓扑学、DNA 摄取序列的可能存在以及副猪嗜血杆菌转变的证据，基因组重排和水平横向基因转移等可能是在这些菌株中不断出现的现象。横向基因转移的存在值得注意，因为它可以解释属于放线杆菌种的和被鉴定为非致病共生菌丛的菌株为什么能从罹病动物全身病灶分离到。可能是与猪呼吸道接触的那些细菌种有共同的毒力基因。

　　本研究中涉及的大量菌株和三个不同标准的使用对副猪嗜血杆菌的多态性研究有独到见解。在副猪嗜血杆菌中发现的大量 16S rRNA 基因和 hsp60 序列型（分别为 30 和 36 序列型）以及 ERIC-PCR 图谱表明，副猪嗜血杆菌是一个非常多样的类型，具有高水平的多态性和还不清楚特定序列型的优势地位。种内高水平异质性已经提出了疑问，因为有许多血清反应不能分型的菌株存在，菌株间缺乏交叉免疫。虽然发现一些序列型只在临床分离株中，但 16S rRNA、hsp60 部分序列、ERIC-PCR 指纹和分离部位（器官或组织）、毒力或发现的地理来源之间的相互关系还不清楚。

　　综上所述，hsp60 序列能用作副猪嗜血杆菌流行病学的标准，指纹图谱是一个好的选择。如同在其他细菌分类建议的那样，用这种序列研发分子诊断工具似乎不可行，因为在副猪嗜血杆菌和相关种细菌之间存在横向基因转移的可能。此外，虽然副猪嗜血杆菌分离株被 16S rRNA 基因序列分成清晰的单元发生系，但自举值一般很低。因此，为了该种群分类更清楚和确定菌株间横向基因转移的发生率，可能还需要其他多基因位点分型方法。

第八章 副猪嗜血杆菌的 MLST 分析及数据库建立

概要：对副猪嗜血杆菌 86 个分离株的 7 个持家基因，包括 ATP 合成酶 β 链（*atpD*）、蛋白质翻译起始因子 IF－2（*infB*）、核糖体蛋白 β 亚基（*rpoB*）、苹果酸脱氢酶（*mdh*）、6－磷酸葡萄糖脱氢酶（*6pgd*）、3－磷酸甘油醛脱氢酶（*g3pd*）和延胡索酸还原酶（*frdB*）进行了 PCR 扩增；对扩增产物进行了测序；对序列进行编辑、队列比对，建立 MLST 定义、等位基因序列文件等，与牛津大学动物学系的 Keith Jolley 教授合作建立了副猪嗜血杆菌 86 个分离株的 MLST 数据库。经 MLST 分析，发现所研究的分离株有高度的遗传异源性，86 个菌株被分成 74 个序列类型。基因平均距离为 0.674，$I_A = 0.804$。每个基因位点存在 64~76 个不等数目的等位基因。基因序列多态性位点最大达 325（*fedB*）和 219（*6pgd*），最小为 77（*infB*）；用 UPGMA 分析确定了 5 个菌群。

副猪嗜血杆菌是猪格拉瑟氏病的病原菌，用传统免疫学方法已证明副猪嗜血杆菌有 15 个血清型且各血清型之间无交叉保护作用，虽然血清型分类方法对于防治该病、制备疫苗非常有用，但在流行病学中却缺乏足够的判断力。而且，用传统的血清型分型方法每年有高达 15%~20% 的野生株不能分型。为了克服这些不足，发展了基于 DNA 指纹图谱的基因分型（限制性内切酶图谱、肠杆菌科基因间重复一致序列 ERIC-PCR）研究。然而，这些分型技术都是基于不同条带大小的比对，产生的数据很难共享，无法全面比较，菌群之间的相互关系信息也很少。同时，现阶段我国仍很少有用于血清型和血清学研究的特异性血清和抗原。因此，用 DNA 测序的方法研究多基因位点分型，对于了解副猪嗜血杆菌的群体结构和遗传关系，揭示菌株的基因型与毒力之间的相关性，预防格拉瑟氏病等都具有重要意义。

第一节 材料和方法

1. 菌株

本实验所用菌株均是在 2007—2009 年从上海、江西、广东三个省市的数个猪场分离获得。除广东两株分离自患病猪心血外，其他菌株均分离自患病猪的鼻腔中（见表 8－1）。其他 40 个分离株（其中 8 个参考菌株）参考 PUBMET 公布的序列用于对照。

表 8 – 1　实验用副猪嗜血杆菌分离株

来源地	分离年份	分离部位	临床背景	菌株数	菌株编号
	2007	鼻腔		5	N1 – 13、N2 – 5、N2 – 7、N2 – 8、N2 – 14
江西 A	2008	鼻腔	患病	4	N2、N10、N16、N46
	2009	鼻腔		7	NG3、NG5、NG13、NG14、NG30 – 1、NG44、NG68
江西 B	2008	鼻腔	患病	3	z – 2、z – 38、z – 29
江西 C	2009	鼻腔	患病	7	WD32、WD35 – 1、WD39、WD41、WD46 – 1、WD49 – 1、WD50 – 1
上海 D	2009	鼻腔	患病	9	05、06、08、010、013、014、018、036、036 – 1
上海 E	2007	鼻腔	患病	6	D3、D6L、D7、D8、D28、D38
广东 F	2007	鼻腔	患病	3	L31、L35、L40
广东 G	2007	心血	患病	2	2X – 1、2X – 3

2. 7 个基因 PCR 引物

参照 Oliveira 等的研究设计 7 个基因引物，引物均由上海生物工程公司合成。

表 8 – 2　引物序列和 PCR 扩增条件

基因	引物序列	引物浓度（μmol/L）	MgCl$_2$ 浓度（mmol/L）
atpD	atpDF CAAGATGCAGTACCAAAAGTTTA	0.4	2.0
	atpDR ACGACCTTCATCACGGAAT		
infB	infBF CCTGACTAYATTCGTAAAGC	0.5	2.0
	infBR ACGACCTTTATCGAGGTAAG		
mdh	mdh – up TCATTGTATGATATTGCCCC	0.4	2.0
	mdh – dn ACTTCTGTACCTGCATTTTG		
rpoB	rpoBF TCACAACTTTCICAATTTATG	0.4	2.0
	rpoBR ACAGAAACCACTTGTTGCG		
6pgd	6pgdF TTATTACCGCACTTAGAAG	0.4	2.0
	6pgdR CGTTGATCTTTGAATGAAGA		
g3pd	g3pdF GGTCAAGACATCGTTTCTAAC	0.4	2.0
	g3pdR TCTAATACTTTGTTTGAGTAACC		
frdB	frdBF CATATCGTTGGTCTTGCCGT	0.4	2.0
	frdBR TTGGCACTTTCGATCTTACCTT		

3. 基因的 PCR 扩增

PCR 扩增反应总体积 50μL，包括 1. 5U Taq 聚合酶和 200μmol/L dNTP。MgCl$_2$ 和引物

的浓度都做了优化，以便在同一循环条件下进行 PCR 反应。循环条件为 95℃预变性 5min，95℃变性 1min，50℃退火 30s，72℃延伸 30s，共 35 个循环，末轮循环结束后以 72℃延伸 10 min。

4. DNA 测序与比对

PCR 产物直接送交南方医科大学基因工程研究所测序。对测序结果中出现的杂峰、峰间重叠情况进行整理。使用 BioEdit N7.0.9.0、Clustal 1.81、Biobass 将序列进行编辑、多位队列，即将前后杂乱的峰删除，每个基因位点按照统一的长度剪辑，这样每个基因位点可得到同一长度的剪辑后序列。将每个位点的多个序列整合在同一 FASTA 文件中。再用 BioEdit N 7.0.9.0、Mega 4.0、CLC DNA workbench 5.6.1 对所有菌株的每个位点序列做比对。

5. HPS 数据库建立

与英国牛津大学动物学系的 Keith Jolley 教授合作，根据 Keith Jolley 建立的 MLST 数据库平台程序，将每个菌株的 7 个位点的菌株名、国家、地址、年份和序列上传至 www.pubmlst.org/hparasuis 平台。建立分离株数据库（Haemophilus parasuis PubMLST isolates database）和基因位点/序列数据库（Haemophilus parasuis PubMLST locus/sequence definitions database）。

6. 统计分析

运用 MEGA 4.0 和 START 2.0 对 86 株菌株的 7 个基因位点的序列进行等位基因分析、Brust 分析、聚类分析和重组分析。MLST 分析主要使用 START 2.0 完成，START 2.0 需要输入等位基因档案文件、分离株标识文件、等位基因数文件和等位基因序列文件等，利用其等位基因频率、文件频率、多态性频率、编码利用率和 GC 含量功能对数据库数据进行分析。对每个位点和独特的等位基因序列标记唯一的数字以便辨认，这些是内框的含有精确编码数的基因片段。每个分离株由 7 个数字认定，建立等位基因图谱或序列分型。数据存入因特网上的数据库（http：//mlst.zoo.ox.ac.uk）。菌株间相关性的评估：对每个基因片段，即 86 个菌株的序列进行比较，具有相同序列的分离株被认定为有相同等位基因。对每个菌株而言，等位基因在每个位点上的组合被认定为多位点序列分型（ST）。ST 之间的相关性，用无权重配对算术平均数法（UPGMA）根据 ST 间等位基因错配矩阵构建系统树图。

第二节　结　果

1. 持家基因片段 PCR 扩增

将 46 个副猪嗜血杆菌用 PCR 分别扩增样品菌株基因组的 7 个持家基因位点 *atpD*、*6gpd*、*frdB*、*g3pd*、*infB*、*mdh* 和 *rpoB* 的目标片段，使用优化的循环条件，均获得清晰而单一的目标条带（见图 8 - 1）。

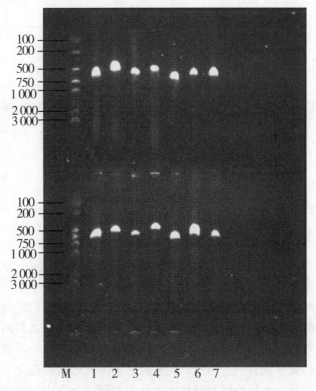

图 8 - 1　副猪嗜血杆菌 7 个持家基因的 PCR 扩增图谱

2. MLST 数据库的建立

我们将副猪嗜血杆菌分离株的 7 个持家基因测序结果进行整理、剪切和多位点比对后，与英国牛津大学的 Keith Jolley 教授合作，利用他建立的数据库平台输入我们的实验结果，建立了副猪嗜血杆菌分离株 PubMLST 数据库和副猪嗜血杆菌基因位点/序列 PubMLST 数据库。数据库中含有 MLST 定义、等位基因定义、等位基因序列、序列定义（ST）、分离株数据库和序列数据库以及地域分布分析图等

3. 持家基因的多态性

经 MLST 分析和界定，不同位点的参数总结见表 8 - 3。通过 d_N（基于非同源替换）计算并指出了改变氨基酸序列的核苷酸变化的比例，并通过 d_S（基于同源替换）表明了不改变氨基酸序列的核苷酸变化比例。计算了全部 7 个位点的 d_N/d_S 比率，结果表明所有被测持家基因位点 d_N/d_S 比率均小于 1。经 START 2.0 分析，发现所研究的分离株有高度的遗传异源性，86 个菌株被分成 74 个序列类型。基因平均距离为 0.674，$I_A = 0.804$。每个基因位点存在 64~76 个不等数目的等位基因。基因序列多态性位点最大达 325（*fedB*）和 219（*6pgd*），最小为 77（*infB*）。

表 8 – 3　基因位点的主要参数

基因位点	片段大小（pb）	等位基因数	多态位点数	平均距离	d_N/d_S
atpD	582	72	74	0.065	0.135
g3pd	510	68	98	0.413	0.162
mdh	490	73	159	0.283	0.272
frdB	490	71	325	0.761	0.175
infB	454	64	77	0.152	0.170
rpoB	398	76	134	0.804	0.166
6pgd	568	75	219	0.348	0.506

4. 副猪嗜血杆菌 NJ 树

由上分析，来自同一个地区或地方的菌株大多分布在 NJ 树同一分支中，这表明同一个地区内的菌株在序列上的差异比不同地区的菌株要小。因为同一地区的菌株存在一个共同的基因库，同一地区的不同菌株之间共享这个基因库，而且它们之间存在频繁的基因交流。所以同一地区的菌株之间在进化上的差异比不同地区的菌株之间的要小。同一地区内部菌株之间也存在着差异，而且这些菌株在进化上常会分布在几个不同分支中，这与同一地区存在几个不同的亚区域有关。不过，同一地区亚区域之间在进化上的差异或分歧也小于不同地区之间的差异。不同地区的菌株也能分布在同一分支中，这可能表示相邻的地区之间在相接的部位存在共同的流行菌株，或者地区之间存在着基因交流。有时会发现，同一地区的菌株分布在相邻的分支中，这也表示同一地区的菌株在进化上关系较不同地区菌株之间近些，或者说同一地区的菌株比不同地区的菌株在序列上的差异要小。

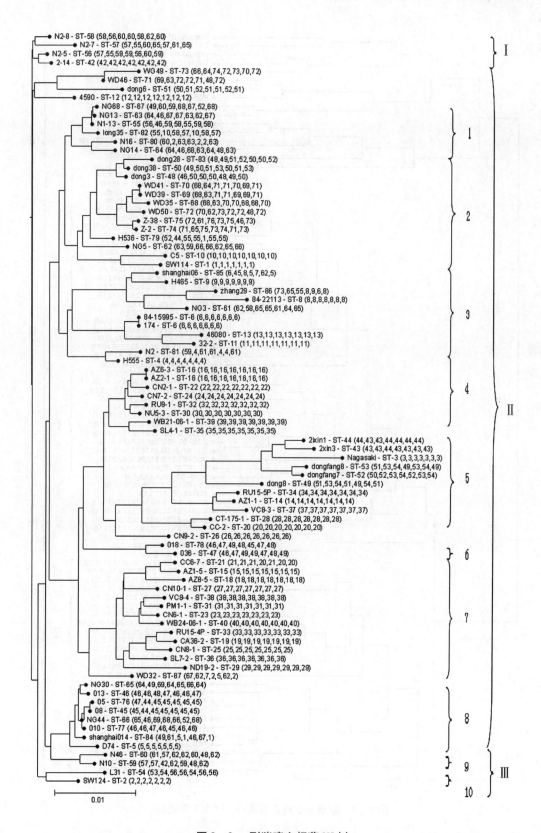

图 8 – 2　副猪嗜血杆菌 NJ 树

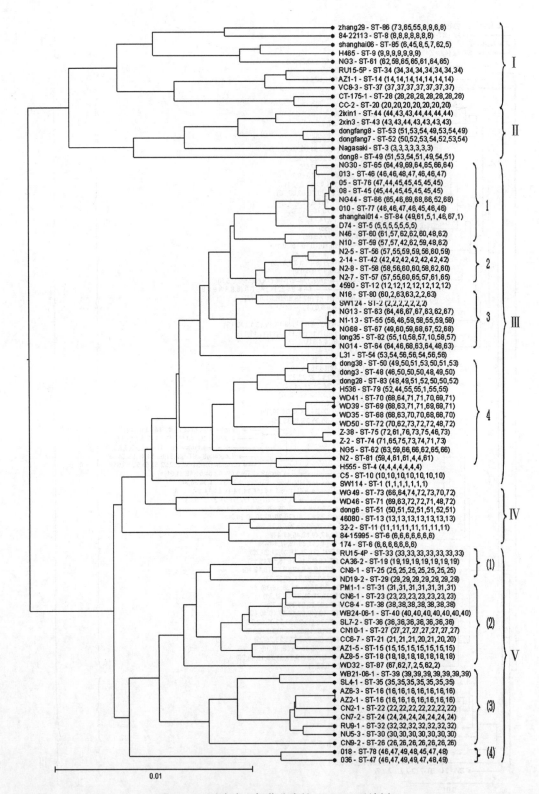

图 8 - 3　副猪嗜血杆菌分离株 UPGMA 系统树

5. 副猪嗜血杆菌 UPGMA 系统树

在构建的 UPGMA 系统树中，86 个分离株被分成 5 个单元聚类。有趣的是聚类 Ⅰ 、聚类 Ⅲ（1 和 3）和聚类 Ⅴ 清晰地与鼻腔分离株相关联，它们可能是非毒力株形成的。聚类 Ⅱ 显示趋向肺部分离株、病猪和未发病猪鼻腔分离株，它们是毒力株寄主。聚类 Ⅲ（2 和 4）、聚类 Ⅳ 中，它们包含有毒力株和非毒力株。根据临床背景，我们的结果提示副猪嗜血杆菌是由三个水平的菌株组成：第一为无毒菌株，归属于上呼吸道生态区；第二是肺部菌株，具有产生支气管炎的致病能力但不引起疾病；第三是毒力菌株，具有产生格拉瑟氏病的能力。

第三节　评　价

副猪嗜血杆菌的 MLST 系统使用的 7 个等位基因都是保守的持家基因。而且测序所选用的片段也是保守基因的核心片段。通过 PCR 反应扩增的 7 个基因位点的序列，测序后编辑发现这些序列基本上保持一致。但通过序列比对分析，发现 7 个基因位点存在不同程度的变异性。也就是说，在不同位点都存在多个等位基因，而且不同位点等位基因数有差别。这些等位基因在群体中的分布总的趋势是，73.4% ~ 87.1% 的等位基因在每个基因位点是只出现一次的稀有等位基因，而在群体中出现两次或两次以上的只占小部分。等位基因的频率分布同样也说明 7 个基因位点存在丰富的遗传异质性，但 MLST 分析没有发现任何显著 ST（ST 最高频率是 6%），也没有发现重组子。本结果与 Oliveira 研究西班牙的副猪嗜血杆菌分离株 MLST 的结果相一致。

我们发现，从病猪和未发病猪的上呼吸道分离的副猪嗜血杆菌都存在毒力株。这就证明，不能一概说未发病猪上呼吸道或鼻腔的分离株就是无毒株，只要该猪群中有部分发病猪，则在未发病猪上呼吸道中除了非毒力株外也就存在副猪嗜血杆菌毒株。但这是否提示副猪嗜血杆菌是条件致病菌，还需进一步研究。

另外，我们还在同一个猪场或同一头猪中分离到不同的副猪嗜血杆菌，证明现在集约养猪场中的情况变得非常复杂。从分离株的地域上看，在聚类中显示，来自同一个地方的菌株多分布在同一个分支中，这可能是同一个地方的菌株基因组属于同一个基因库，序列上的差异要比不同地方的菌株小的原因。然而，也有一些菌群归类在来自不同国家的菌株，这可能是这些菌株非常普遍存在于各地，或是由于全球性的猪交易而传播到各地，我们支持后一种观点。

第九章　多位点测序分型法对副猪嗜血杆菌群体结构的研究

概要： 副猪嗜血杆菌可以从健康猪的上呼吸道中分离出。副猪嗜血杆菌分离株在表型特征（如蛋白图谱、菌落形态、荚膜产物等）和致病力上有差别，且在遗传水平上已经证明菌株中的差异。已有多种分型方法应用于副猪嗜血杆菌野外菌株的分类，但它们都存在分辨力和操作上的问题。为了克服这些限制因素，研究人员发展了一种多位点测序分型（MLST）系统，即利用苹果酸脱氢酶（*mdh*）、6 - 磷酸葡萄糖脱氢酶（*6pgd*）、ATP 合成酶 β 链（*atpD*）、3 - 磷酸甘油醛脱氢酶（*g3pd*）、延胡索酸还原酶（*frdB*）、蛋白质翻译起始因子 IF - 2（*infB*）、核糖体蛋白 β 亚基（*rpoB*）等持家基因的序列测序方法。本研究采用了 11 种参考菌株和 120 个野外菌株。每个位点等位基因的数量在 14 ~ 41 范围。用 MLST 方法可以确定该菌的高度遗传异源性，因为菌株可被分成 109 种序列类型，但用 Burst 算法只检测到 13 个小克隆复合体。用 UPGMA 方法（即按照配对序列的最大相似性和连接配对的平均值的标准将进化树的树枝连接起来的方法）可以进一步分析鉴定 6 个聚类。当检测分离株的临床背景时，一个聚类在统计学上与鼻腔分离株有关（推测为无毒），而另一个聚类显示与临床背景分离株显著相关（推测为有毒），剩余的聚类不显示与分离株临床背景有统计学相关性。最后，虽然测定到副猪嗜血杆菌之间的重组，但用连接序列构建 NJ 树时发现了两个分支。有趣的是，一个分支几乎包含了所有假定有毒的 UPGMA 菌群的分离株。

虽然目前公认，一个菌株可能是一次临床暴发的病因，但副猪嗜血杆菌感染的诊断非常复杂。由于在一个猪场中甚至在一个动物体内通常可测出几个不同的菌株，因此，通过从该病的特征性病变器官中分离菌株的方法确定致病菌株是非常必要的。

菌株中的表型和基因型特征的差异已有报道，尽管还不能确定毒力相关性（Oliveira& Pijoan，2004；Rapp-Gabrielson et al.，2006）。然而，几个研究已经证实不同的 HPS 菌株有不同的致病力（Kielstein & Rapp-Gabrielson，1992；Nielsen，1993；Rapp-Gabrielson et al.，1992；Vahle et al.，1995）。在分类上，HPS 已经采用血清型进行了分类，虽然该方法对于疫苗的制备非常有用，但在流行病学中没有足够的判断能力。而且有很高比例的菌株用血清型不能分型（Oliveira & Pijoan，2004；Rapp-Gabrielson et al.，2006）。现在有学者提出了用不同的基因型方法来区分 HPS 菌株的假设。这些方法中大部分是指纹法，所报道的技术尽管比血清分型有更高水平的区分力，但它们都呈现出诸多问题，如有限的分辨力（De la Puente Redondo et al.，2000，2003；Del Rio et al.，2006）或不同实验室结果的比较困难等（Rafiee et al.，2000；Smart et al.，1998）。为了改善 HPS 流行病学的研究，最近我们课题组使用了单位点测序分型方法（Oliveira et al.，2006）。通过核糖体热休克蛋白 60（*hsp*60）对 HPS 野生分离株的异原型进行了证实，不过虽然鉴定了毒力菌群，但在菌株分类上还不满意。然而，我们用 *hsp*60 和 16S rRNA 基因研究结果表明，在 HPS 内部和在 HPS 与 AP（猪胸膜肺炎杆菌）之间有横向基因转移的可能。因此，为了获得与重组相反的稳定结果和足够明确的结果，我们发展了一种多位点测序分型技术（MLST）来研究副猪嗜血杆菌。

　　MLST 基于核心基因 450~600bp 片断的测序和等位基因分配，从而进行序列分型（ST）。MLST 对于当地和全球流行病学研究的优势已有广泛的论述（Cooper & Feil，2004；Enright & Spratt，1999；Maiden et al.，1998；Spratt，1999）。MLST 已成功地应用于人和动物病原菌（Dingle et al.，2001；Enright & Spratt，1998；Enright et al.，2001；Feavers et al.，1999；Heym et al.，2002；Homan et al.，2002；King et al.，2002；Kroz et al.，2003；Lemee et al.，2004；Nallapareddy et al.，2002；Noller et al.，2003；Shi et al.，1998；Van Loo et al.，2002；Wang et al.，2003）包括流行性感冒嗜血杆菌（*H. influenzae*）等（Meats et al.，2003）的克隆复合体（CC）的鉴定。由于 HPS 基因组测序不可用，我们利用流行性感冒嗜血杆菌（Meats et al.，2003）设计了通用引物（Christensen，2004），挑选其他细菌，包括为巴斯德氏菌基因的同源区域设计引物。另外，非毒力菌株能表现群体的有效部分，重要的是为了寻找群体结构和评价全量参数（Perez-Losada，2006）。为了获得 HPS 自然群体的有代表性样品，对无症状的携带者也进行了取样。

第一节　材料和方法

1. 细菌菌株

　　本研究包含 120 株 HPS 野生分离株和 11 株参考菌株。野生菌株是从有临床症状的猪肺或全身部位获得的分离株（57 株）和从没有格拉瑟氏病的猪场小猪鼻腔中获得的分离株（74 株）。为了获得鼻腔分离株，根据它们的健康状况，在西班牙选择了 4 个分离区的 19 个猪场进行分离。从每个猪场获得 6~10 个鼻拭子，在 Amies 培养基中转移到实验室，在实验室中接种到巧克力琼脂上分离菌落。按以前描述的方法分离和鉴定 HPS（Oliveira et al.，2006）。临床分离株一部分是从患病动物典型损伤组织中分离的，一部分由西班牙巴塞罗那自治大学兽医学院传染病系、西班牙隆而大学的 E. Rodríguez 博士、阿根廷国家农业科技协会 Gustavo C. Zielinski 博士、丹麦 Danish 食品和兽医研究所 φystein Angen 博士以及德国消费者健康保护和兽医研究所 T. Blaha 博士友情提供。所有菌株经巧克力琼脂平板 37℃、5% CO_2 培养 24~48 小时后，保存在 -80℃的 20% 甘油-脑心浸液中。

2. DNA 提取

　　每种菌株基因组 DNA 采用商业试剂盒按说明提取。引物用 11 种 HPS 参考菌株做预实验。*H. influenzae* MLST 引物全部经过实验（Meats et al.，2003），但最后只有苹果酸脱氢酶基因（*mdh*）对 HPS 有用。研究人员对先前发表的 *rpoB*、*atpD* 和 *infB* 引物也进行了实验（*Christensen*，2004）。剩余的引物根据与其他细菌基因同源性而设计。靶基因是 ATP 合成酶 β 链（*atpD*）、核糖体热休克蛋白 60（*hsp*60）、翻译起始因子 IF - 2（*infB*）、核糖体蛋白 β 亚基（*rpoB*）、超氧化物歧化酶 A（*sodA*）、磷酸葡萄糖变位酶（*pgm*）、6 - 磷酸葡萄糖脱氢酶（6*pgd*）、3 - 磷酸甘油醛脱氢酶（*g*3*pd*）、延胡索酸还原酶（*frdB*）。全部 PCR 扩增终体积是 $50\mu L$ 含有 1.5U Taq 聚合酶和 $200\mu mol/L$ dNTP。$MgCl_2$ 和引物的浓度都做了优化，所有 PCR 反应都在相同循环条件下完成（见表 9 - 1）。循环条件是 95℃ 5min，然后，95℃ 1min，50℃ 30s，72℃ 30s，一共有 35 个循环，最后一步是 72℃ 10min。

3. DNA 测序和数据分析

进行 PCR 后，将 $5\mu L$ 反应液点样到 2% 琼脂糖凝胶上检测非特异性带的缺失。然后将扩增带用 Nucleofast 96 PCR 试剂盒纯化，$1\mu L$ 产物用相应的引物（见表 9 - 1），用 BigDye Terminator v 3.1 试剂盒和 ABI 3100 DNA 测序仪测序。用 Bio-Rad II v3.0 软件对序列进行编辑、组合并作曲线，检出等位基因的分布。用 Pearson 积矩相关系数比较每个基因邻近归并构建的系统树，计算位点的相合性。每个位点的平均多样性计算按以前描述的方法进行（Blackall et al.，1997）。然后，用 START（Jollcy，2001）完成 Burst 分析（当一个菌株与同组中其他菌株共享 5 个等位基因时被指定为相关系数 CC），聚类分析［即用配对差异矩阵建立无权重配对算术平均数法（UPGMA）系统树图］和重组分析［联合指数（I_A）和 Sawyer 试验统计浓缩片断长度的平方和］。为了检验菌株起源聚类的连锁，将聚类中的临床分离株数据与用 SPSS 12.0 软件卡方实验的其他分离株数据进行比较（以 $P < 0.001$ 为有意义）。最后，用 DAMBE 软件将 7 个基因的部分序列连接，用 BioEdit（Hall，1998）构建多位队列和用 MEGA 3.1 构建 10 000 枝系统树。MEGA 3.1（Kumar，2004）也用于 7 个基因的平均距离计算与非同义和同义密码子变化（$d_N - d_S$）的平均差异。

表 9 - 1　引物序列和 HPS 基因在 MLST 中的 PCR 部分扩增条件

基因	引物序列	引物浓度（$\mu mol/L$）	$MgCl_2$ 浓度（$mmol/L$）
atpD	atpDF CCAAGATGCAGTACCAAAGTTTA	0 ~ 4	1 ~ 5
	atpDR ACGACCTTCATCACGGAAT		
infB	infBF CCTGACTAYATTCGTAAAGC	0 ~ 5	0 ~ 2
	infBR ACGACCTTTATCGAGGTAAG		
mdh	mdh - up TCATTGTATGATATTGCCCC	0 ~ 4	4 ~ 5
	mdh - dn ACTTCTGTACCTGGCATTTTG		
rpoB	rpoBF TCACAACTTTCICAATTTATG	0 ~ 4	3 ~ 0
	rpoBR ACAGAAACCACTTGTTGCG		
6*pgd*	6pgdF TTATTACCGCACTTAGAAG	0 ~ 4	3 ~ 0
	6pgdCGTTGATCTTTGAATGAAGA		
*g*3*pd*	g3pdF GGTCAAGACATCGTTTCTAAC	0 ~ 4	1 ~ 5
	g3pdRTCTAATACTTTGTTTGAGTAACC		
frdB	frdBF CATATCGTTGGTCTTGCCGT	0 ~ 4	1 ~ 5
	frdBR TTGGCACTTTCGATCTTACCTT		

表 9-2　选择位点的主要参数

基因位点	片段大小（bp）	第几等位基因	平均距离	$d_N - d_S$ *
atpD	470	31	0.031 ± 0.004	-0.085 ± 0.013
infB	599	41	0.054 ± 0.006	$+0.055 \pm 0.008$
mdh	537	24	0025 ± 0.004	-0.075 ± 0.009
rpoB	501	36	0.008 ± 0.002	$+0.008 \pm 0.002$
6pgd	553	33	0.014 ± 0.002	-0.043 ± 0.007
g3pd	564	14	0.002 ± 0.001	-0.005 ± 0.002
frdB	582	23	0.010 ± 0.002	$+0.013 \pm 0.004$

注：＊同义和非同义密码子变化的差异。

4. 位点的可变性

扩增 131 个 HPS 分离株选择的 7 个基因（*rpoB*、*6pgd*、*mdh*、*infB*、*frdB*、*g3pd* 和 *atpD*）和测序。不同位点的主参数总结见表 9-2。总平均距离和 $d_N - d_S$ 表明位点可变性和强阳性缺失以及阴性选择。据此，我们获得了每个位点 29 个等位基因的平均数和大约 10^{10} 个潜在肯定 ST。用于研究的 131 个分离株分成 109 个 ST，每个位点平均多态性为 0.777。ST 的大多数频率是 ST46，在资料组中为 3.8%。

表 9-3　在不同 MLST 聚类中的临床和鼻腔分离株比例

MLST 群	临床分离株			鼻分离株			分离株总数	鼻分离株总数
	肺	全身	ND	健康猪场	患病猪场	ND		
A（35）	3	0	3	76	9	9	6	94
B（6）	35	0	33	33	0	0	68	33
C（28）	21	18	21	32	4	4	60	40
D（15）	14	26	0	27	20	13	40	60
E（20）	20	0	15	36	30	0	35	66
F（29）	21	31	31	3	7	7	83	17

注：菌群 A～F 已在图 9-1 中界定，括号中表示每个菌群的菌株数量；ND：无临床资料。

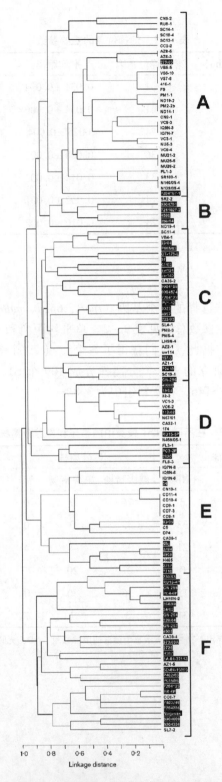

图 9-1　用 131 个 HPS 分离株等位基因配对平均差值构建 UPGMA 系统树
（临床罹病分离株用黑色背景突出表示，用字母标出不同聚类群）

5. 菌株的鉴定

经 Burst 分析后，ST 归类为 13 个世系和 69 个单体模式（63%）。只有被预测为起始者——CC3的 ST21 可以界定。CC1 含有 9 个 ST（14 个分离株），CC2 含有 6 个 ST（7 个分离株）、CC3 含有 4 个 ST（5 个分离株）、CC4 含有 3 个 ST（4 个分离株），剩余的 CC 含有 2 个 ST（2~6 个分离株）。CC 显示与菌株的地理来源有关，因为几乎所有的 CC 都包含来自同一个国家的分离株。只有 CC7 包含来自不同国家（西班牙和德国）的分离株。当检测菌株的临床来源时，CC1、CC2、CC3、CC4、CC5、CC6 和 CC13 只包含鼻腔分离株，CC7、CC9、CC11 和 CC12 主要包括来自不同或未知地方的分离株。建立 UPGMA 系统树时，界定了有基因型相关的 6 个单元聚类菌群（如图 9-1 所示）。显然，菌群 A 主要由无临床症状携带者的鼻腔分离株组成（见表 9-3）。卡方实验统计分析显示，在这个菌群中有令人瞩目的较多数量的鼻腔分离株。菌群 B、C、D 和 E 没有显示出有任何意义比例的鼻腔和临床分离株（见表 9-2）。最后，菌群 F 包含很高比例的全身分离株（见表 9-3）并且当用卡方实验比较时，有较多数量的有意义的（$P < 0.001$）临床分离株。重要的是，菌群 F 也包含有毒参考菌株 Nagasaki，1A-84-22113 和 5D-84-15995（Rapp-Gabrielson et al.，2006）。的确有些鼻腔分离株（如 CA38-4 和 CC6-7）包含在来自于被格拉瑟氏病感染猪场的菌群 F 中。比较等位基因时，菌群 F 中的菌株有在其他菌群中不存在的 54 个等位基因（虽然它们中的 36 个只存在于单个分离株中）和与其他菌群共享的 22 个等位基因。

第二节　连接序列分析

为了完成分析，将序列连接并用 3 806bp 序列构建有 10 000 个自举值的无根 NJ 树（如图 9-2 所示）。菌株被分成由高自举值（>95%）强力支持的两个主干分支。在两个主干分支中有小结构，尽管许多自举值都在 50% 以上。第一个分支（图 9-2 分支 1）包含 65 个鼻腔分离株（总数 101 个，占 64%）和非毒力参考菌株 C5、D74、174、SW114。另外，它也包含毒力参考菌株 SW124。第二个分支（图 9-2 分支 2）包括 83% 的临床分离株和毒力参考菌株 Nagasaki，5D-84-15995 和 1A-84-22113（Rapp-Gabrielson et al.，2006）。

通过副猪嗜血杆菌重组评价可以了解系统发生的重建作用和克隆群体结构的指示值。整个数据 I_A 为 0.752，聚类 A、B、C、D、E 和 F 分别是 0.726、0.111、0.412、0.641、1.646 和 0.647。为了研究基因片段中的重组，进行了 Sawyer 试验（10 000 次判断）。只有 6pgd 基因显示出有意义的（$P < 0.00001$）同源多态性位点的非随机分布。七片段的个别 NJ 树在 0 与 51.4 之间显示 Pearson 积矩一致性，标志在树中有少量统一性。有趣的是，分离株 GN-254 显示不寻常发散 $rpoB$ 序列，它位于 NJ 树的分支上（未显示数据）。这个发散序列标明与 0.86~0.84 的剩余分离株的序列一致性范围，表明可能是一个水平基因转移子。用 BLAST 搜索（http：//www.ncbi.nlm.nih.gov/blast）这个报道的序列，结果与猪放线杆菌菌株 CCUG 38924 达到 97% 的一致性。

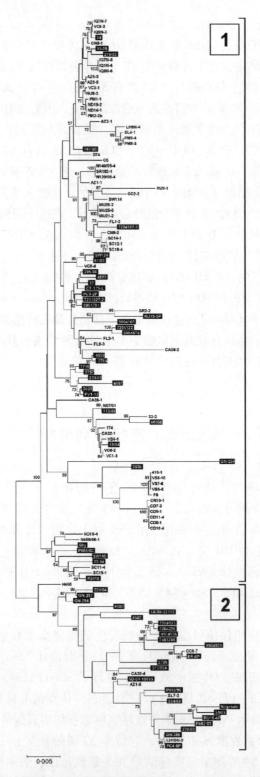

图 9 – 2　用 10 000 自举值连接序列构建 131 个 HPS 分离株的无根 NJ 树

[以节点表明自举值（>50 %），以黑背景突出显示临床伤害分离株，以数值标明两个主干支]

本研究的目的是采用可靠的分型方法了解 HPS 群体结构并分析菌株的基因型和毒力之间的相关性。为此，发明了 MLST 方案并取得了鉴别临床分离株和鼻腔非毒力菌株的成果。HPS 基因组序列信息的缺乏限制了 MLST 方案的发展，因为只有三个保藏基因（$atpD$、$infB$ 和 $rpoB$）的部分序列在当时可用。基因组七个位点的定位和邻近序列还不清楚。尽管有这些限制，MLST 方案还是提供了足够的力量以明确副猪嗜血杆菌的特征和描述不同的假定毒力的连锁关系。

与期望的一样，在 MLST 方案中，每个基因位点平均多态性比报道的多位点酶电泳的平均多态性（0.405）更高（0.777）（Blackall et al.，1997）。与先前报道的一样（Oliveira et al.，2003；Oliveira et al.，2006；Rafiee et al.，2000；Smart et al.，1988），我们的结果非常肯定几种菌株（1~5）能在一个猪场流行。另外，在同一个动物体内可分离到不同种类的菌株，如 IQ7N7（ST56）和 IQ7N8（ST84），同时甚至在同样全身性伤害病猪中分离到不同种菌株，如 RU15 –4P（ST51）和 RU15 –5P（ST75）。与平常公认的相反，后者结果表明一个以上菌株可导致临床暴发。毫无疑问，有些克隆子可能有很广的分布，因为在不同的猪场可检测到 ST，如 ST44、ST97、ST56 和 ST34。

本研究中，我们也肯定副猪嗜血杆菌有高的异质性。相应地，MLST 分析没有发现任何显著 ST（ST 最高频率是 3.8%），即使当 Burst 分析不用 CC（5 个共同等位基因而不是 6 个）定义也是如此。虽然被发现的菌株与某些地理因素相关，这是我们将在西班牙更多取样和进一步研究的基础。

考虑到 I_A 值，即 $6pgd$ 重组信息和个别基因树之间相合性的缺乏，似乎重组研究已经提供了副猪嗜血杆菌有意义的证明。的确，这个细菌似乎没有克隆结构。当然，在各组中的共有等位基因显示等位基因新的交换，在流感放线杆菌中也报道了这种现象（Meats et al.，2003）。相应的事实是 HPS 自然可变（Bigas et al.，2005；Lancashire et al.，2005）且一种以上菌株能为频繁重组创造合适条件。

在某些细菌中，特殊的克隆子引起疾病，使其蔓延而引起暴发。这些基因型通过选育和扩增建立一个"流行病"群体结构（Smith et al.，2000）。经 Burst 分析，在副猪嗜血杆菌中很少鉴定到 CC，虽然发现有些与临床（假设有毒）分离株之间有联系，但是无显性 CC 与全身感染相关的证据。然而，研究更多的临床分离株，可能发现广泛分布的 CC 和与疾病相连锁。

在构建的 UPGMA 系统树中，131 个分离株被分成 6 个单元聚类。有趣的是，聚类 A（如图 9 – 1 所示）清晰地与鼻腔分离株相关联，它可能是非毒力株形成的。聚类 B 显示趋向主要是肺部分离株，它也存在于聚类 E 中，虽然比例很低。全身分离株主要存在于聚类 F 中，尽管它们也包含在聚类 C 和 D 中。根据临床背景，我们的结果提示 HPS 是由 3 种水平或毒力菌株组成：其一为无毒菌株，归属于上呼吸道生态区；其二是肺部菌株，具有支气管炎的致病能力，但不引起疾病；其三是全身菌株，具有产生格拉瑟氏病的能力。不幸的是，很难建立一些假定的毒力分离株，因为即使观察到全身感染，肺组织仍然通常用于 HPS 的诊断，这些结果将被动物感染证实以便确定真正的毒力菌株。

最后，NJ 树存在副猪嗜血杆菌的两个分支。由于时间关系，其他没有用于比对。然而，有研究表明，当它们提供足够的数据时，所有的方法都能很好地用于分型（Nei &

Kumar，2000）。副猪嗜血杆菌分离株分成的两个分支得到了高自举值的高度支持。一个分支证明与致病分离株相关。这个分支包括 UPGMA 聚类 F 的所有菌株（只有一个除外），它可能预示与增强毒力的世系存在分歧。通过我们的研究，*hsp*60 部分序列已证实了这个副猪嗜血杆菌的强毒力菌群，虽然显著性较小（Oliveira et al.，2006）。另外，聚类分支 1（如图 9-2 所示）没有显示与疾病有关。这组中的主要菌株来自鼻腔，只有一些分离株似乎有潜在毒力。即使分支二呈现非常统一，也必须考虑重组对系统发生重建有主要影响，这些结果必须谨慎解释。

MLST 对副猪嗜血杆菌进行了分类，在统计学上两个聚类分别与鼻腔分离株和临床分离株相一致。经 NJ 树分析后，在疾病相关聚类中的分离株与剩余分离株有明显分歧，形成不同连锁。

第十章　副猪嗜血杆菌诊断方法的比较和分析

概要：在微生物学中，分型方法常用于鉴别同种中的分离株。表型特征如血清型或多位点酶凝胶电泳（MLEE）都已用于副猪嗜血杆菌的分型，但这两种方法都有局限性（Blackall et al.，1997；Kielstein & Rapp-Gabrielson，1992）。血清分型并不能对所有菌株分型，MLEE 的操作既费时，所产生的结果又难共享（Enright & Spratt，1999）。相反，基因分型能及时对所有菌株分型，尽管未报道分离株的功能特征，但功能特征必须与后来的特异基因型相联系。聚类方法的分析数据，一旦通过设定任意阈值（arbitrary threshold）或从额外信息中推断就可鉴定相关菌株（Van Ooyen，2001）。

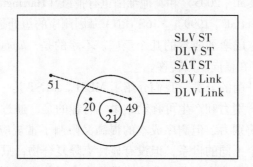

用中央位置（ST－21）组 2 MLST 的 Burst 表示形式图

探索毒力关系时，很难解释副猪嗜血杆菌基因组聚类。这些细菌的毒力因子还不清楚，我们只能通过分离位置间接地推断分离株致病的潜力。因此，全身性分离株可能是有毒的，但用肺分离株假定肺的毒力却有很多争议。虽然还没有从健康猪的肺中分离到副猪嗜血杆菌，但却从病死的猪肺中分离得到过，很有可能这些器官是死后被污染的。如前所述，肺分离株只对肺炎诊断有用，对格拉瑟氏病无效，只有全身分离株是有效的。进一步说，即使定居和免疫保持平衡，也不能排除在健康动物中存在毒株。我们发现了另一个问题，即许多分离株缺乏临床信息。为了帮助说明，我们用了参考菌株，因为它们的毒性已经为攻毒实验所证明。

第一节　副猪嗜血杆菌的基因分型

ERIC-PCR 可能是副猪嗜血杆菌基因分型报道频率最高的技术。虽然 ERIC-PCR 对当地流行病学有帮助，但它依赖甚至使用温度循环仪器，存在能否重复的问题（Foxman et al.，2005）。该技术也不适用于扩散菌株间远距离关系的分析，不方便携带的结果限制了全球流行病学数据库的构建。作为变通，序列分型提供了足够的识别水平来鉴定不同菌株间的关系。结果，通过 hsp60 部分测序开发的 SLST 方法，作为现行技术，可以轻而易举地完成扩增和序列片段达到 600bp 的测序工作。选择 hsp60 基因，因为它先前就用于开发了几种动物和人的病原菌分型和诊断（Brousseau et al.，2001；Goh et al.，1996；Goh et al.，1998；Hill et al.，2005；Hung et al.，2005；Lee et al.，2003；Reen & Boyd，2005；Teng et al.，2002）。有报道称，hsp60 基因是潜在的抗原，它存在于细胞表面，不知何故与毒力有关（Ausiello et al.，2005；Fares et al.，2004；Fares et al.，2002；Fernandez et al.，1996；Garduno et al.，1998；Hennequin et al.，2001；Hoffman & Garduno，1999；Kamiya et al.，1998；Macchia et al.，1993；Yamaguchi et al.，1997；Zhang et al.，2001）。所以，该基因在毒力和非毒力菌株之间可能存在分歧。有趣的是，鉴定出两个聚类，其中之一显示高频率的临床分离株和毒力参考菌株。我们从副猪嗜血杆菌菌株中出人意料地检测到 16S rRNA 重要的基因序列多态性（95%～100% 的一致性）。这种易变水平对菌株分型有用，实际上，与病有关的聚类也可用 16S rRNA 序列分析来鉴定。16S rRNA 的这种高可变性不是副猪嗜血杆菌的唯一特征，猪流感嗜血杆菌（*H. influenzae*）（Sacchi et al.，2005）和其他细菌也有报道（Harrington et al.，1999；Martinez-Murcia et al.，1999；Yap et al.，1999）。16S rRNA 基因测序的短处是，要测定长片段以便获得足够的分辨率，被迫完成增加成本的几个反应。不幸的是，hsp60 树与 16S rRNA 树不一致，最好的解释可能是存在横向基因转移。

为了改善副猪嗜血杆菌的分类，我们介绍了 MLST。MLST 是一种有吸引力的方法，因为它可重复，有足够的辨别力和产生可移动结果。有趣的是，通过增强基因位点或改变它们的更多可变性能增强辨别力，但测序成本的提高又限制了常规应用。当 MLST 用于副猪嗜血杆菌时，鉴定了 6 个不同的世系，但没有显性克隆复合物，只有一个预期的源头菌。

虽然研究人员发现副猪嗜血杆菌有非克隆框架自由重组群体结构，但 MLST 将 2/6 聚类定义为可能分别与临床或上呼吸道分离有关。用 16S rRNA 基因测序测定了致病菌群的所有菌株，包括 MLST 连接序列测定的致病相关菌群。hsp60 部分序列也报道了这种致病相关菌群，虽然 16S rRNA 基因或 MLST 连接序列的报道还没有完全一致。

用于副猪嗜血杆菌分型的四种技术的比较表

技术	成本	时间	分辨率	含糊性	重复性	数据轻便	系统发生	
							应用	水平
MLST	高	多	高	低	高	高	好	全部
16S rRNA	高	多	中等	低	高	高	好	特异种
SLST	中等	中等	中等	低	高	高	限制	菌株特异种
ERIC-PCR	低	低	高	中等	低	低	限制	菌株

比较四种基因分型方法（ERIC-PCR、*hsp*60 部分测序、16S rRNA 测序和 MLST），我们发现每种方法都有不同的应用。ERIC-PCR 具有快速便宜的特点，它对特异性暴发（地方流行病学）研究有效。*hsp*60 部分测序也可满足当地流行病学的需要。然而，这两种方法应用于致病重构时受到局限，因为指纹图谱不提供这种信息，用 *hsp*60 测定存在横向基因转移（Jain，1999）。另外，16S rRNA 基因测序可用于副猪嗜血杆菌分离株的鉴定和分型，因为作为报告基因，它有比 *hsp*60 的操纵基因更强的抗横向基因转移的作用（Jain，1999）。毫无疑问，由于必须完成几个反应，16S rRNA 基因测序需要高成本。另一问题是，16S rRNA 基因有二级结构，通常使测序更复杂。作为对照，MLST 有高的分辨能力和提供强大的系统发生重建。所以，MLST 能够应用于地方流行病学，因为它有与 ERIC-PCR 结果接近的分辨率（例如，紧密相关分离株通过 ERIC-PCR 可测定出差异，MLST 的测定也有差异）。此外，7 个等位基因序列的串联也用于系统发生重建，提供适当的框架，在全球流行病学中找到远亲历史关系。所以，MLST 是群体与不同遗传背景，甚至不同表型特性区分的适用工具。在我们的研究中，测定的两个聚类分别与鼻分离株和临床病灶分离株相一致。然而，该技术的高消费是它的常规应用的主要限制因素。

第二节　重组和横向基因转移

我们发现副猪嗜血杆菌重组的一些迹象，例如基因树、Sawyer 试验结果和 I_A 值之间缺乏一致性。*hsp*60 DNA 吸收序列的存在和已报道的副猪嗜血杆菌自然转化的出现也指出，在种中有重组的可能。

而且，在两个研究中，即在 *hsp*60 基因包括小放线杆菌和吲哚放线杆菌，以及 *rpoB* 基因包括猪放线杆菌中也发现横向基因转移现象。有研究报道，单个基因树不一致，主要用 16S rRNA 树不一致测定和 BLAST（basic local alignment search tool）搜索发现了横向基因转移。可能存在争议的是，直系同源基因的等位基因之间的那些不寻常类似，也可以通过副猪嗜血杆菌、猪放线杆菌、小放线杆菌和吲哚放线杆菌之间最近的分歧（divergence），甚至通过种的错误辨识来解释。为了避免后者的出现，我们用 Oliveira 报道的诊断 PCR 初筛后，用生物化学试验和 16S rRNA 基因测序来验证。而且，16S rRNA 表型重建最近分析表明，吲哚放线杆菌与副猪嗜血杆菌有分歧，猪放线杆菌和小放线杆菌与副猪嗜血杆菌相关性更远，两个种与胸膜肺炎放线杆菌和罗氏放线杆菌相比似乎同时有分歧。的确，在巴斯德氏菌内它们形成一部分不同聚类。猪放线杆菌形成一部分"俄罗斯"聚类和"豕"聚类的小放线杆菌，而吲哚放线杆菌与副猪嗜血杆菌一起形成"豕"聚类。毫无疑问，它们都是在猪上呼吸道定居的，因此它们可能有机会进行 DNA 交换。副猪嗜血杆菌和胸膜肺炎放线杆菌分离的同源质粒（Lancashire et al.，2005；San Millan et al.，2006）也支持副猪嗜血杆菌和放线杆菌之间的 DNA 交换。有趣的是，对于猪放线杆菌和小放线杆菌，肺和全身分离株偶然相关，但在攻毒实验中没有证明其致病力（Chiers et al.，2001；Kielstein et al.，2001；Mateu et al.，2005）。一些菌株在呼吸道内接触，可能已经通过副猪嗜血杆菌毒株横向基因转移获得毒力因子。另一个可能性是，小放线杆菌、吲哚放线杆菌、猪放线杆菌和副猪嗜血杆菌是毒力共同祖先的后代。在这种情形中，一些菌株通过丢失毒力的因子将适应寄主形成生物群的一部分，其他菌株像致病相关的菌群一样保持不变和留下毒力。产生失去毒力菌株的机制通常是扩展移动遗传成分（如转座子）或与它们同源部分之间的与重组相关的基因组重排，可能导致失去许多基因，包括毒力因子。

第三节　副猪嗜血杆菌多态性和疾病控制

我们发现，以前报道的副猪嗜血杆菌在遗传水平上有很多异型杂种。虽然还没有发现占主导地位的克隆子，但 ERIC-PCR 和 MLST 分析报道，在不同养猪场甚至在不同国家都发现了一些相同菌株，表明副猪嗜血杆菌的扩散可能是世界猪贸易所导致。我们也证明在一个猪场能分离出 6 个不同菌株。因此，一个猪场可能保持较多的菌株，致病的潜力会发生变化。相反，通常可以接受的是一个单个菌株可能引起一次暴发，但我们的研究结果和其他作者（Oliveira et al.，2003；Ruiz et al.，2001；Smart et al.，1988）已经报道的一样，在同一个病灶中分离出多于一种菌株。在我们的工作中，从全身性病灶和纤维素性心包炎中，我们分离到两个不同菌株，即 RU15 - 4P 和 RU15 - 5P。有趣的是，RU15 - 4P 包含与疾病相关的聚类（第九章的聚类 F），而 RU15 - 5P 则稍微倾向鼻分离株（第九章的聚类 D）。这就表明，初步入侵者是 RU15 - 4P，跟随它的 RU15 - 5P 是机会主义者菌株。由于还没有同样动物所对应的鼻分离株，我们还没有比较研究证实这些菌株是否也是从同样动物生物群中分离的。需要进一步阐明，来自那些动物的全身部位分离的所有菌株是否是致病的或它们中的一些正好是第二入侵的机会菌株。

副猪嗜血杆菌菌株的多样性可能与格拉瑟氏病暴发有关。实际上，有更多多样性和在母猪和小猪间保持好的传输速度就可能较少暴发格拉瑟氏病。一个有 12 头母猪，按传统 28 天断奶的育肥猪小猪场，至少已经 15 年未发病。有趣的是，我们从该猪场分离到几株副猪嗜血杆菌，包括 MLST 检测显示稍微倾向临床分离株（第九章的聚类 C 中的菌株 SL4 -1）和与疾病有关的菌群（第九章的聚类 F 中的菌株 SL7 - 2）。我们认为在这个猪场，迟断奶是必要的，以便在定居和保护之间建立平衡，从而控制菌株和疫病。当应用新的生产技术时，这个平衡被破坏。提早（在第 21 天）断奶减少了来自母猪副猪嗜血杆菌的定居，也就逐渐减少了猪群中的菌株数量。这种实践保证了猪群的高度健康，但一些猪群没有机会发展保护免疫。在这种环境下，毒株进入猪群就导致流行病暴发，对生产产生巨大损失。有学者提示，消灭来自猪场的副猪嗜血杆菌是不可取的（Rapp-Gabrielson et al.，2006），几个控制接触研究也证明了这一点（Oliveira et al.，2004；Oliveira et al.，2001b）。通过不同观察和实验研究已经知道，毒力株在猪体内定居，通过母体免疫而建立的自然免疫有保护作用。虽然还须进行更多的研究，但猪场有更多的菌株多态性，由于广谱自然免疫可能使猪群更强壮而抵御格拉瑟氏病的发生。健康动物上呼吸道存在副猪嗜血杆菌毒株，有学者用参考菌株 Nº4、SW124 和 SW140 进行了验证，从健康猪鼻子中首次分离并在实验动物感染中证明是毒株（Kielstein & Rapp-Gabrielson，1992）。

今天，疫苗可提供过去仅靠定居才能获得的保护免疫。对副猪嗜血杆菌多态性和群体结构的深入了解有助于人们鉴定抗原并发展广谱保护疫苗。

第四节　副猪嗜血杆菌亚群

用 MLST 分析可以推断至少有 3 种不同的毒力亚群。首先，我们测定了与疫病相关的聚类，所有的分析都很粗略而且还含有毒力参考菌株 Nagasaki、84－22113 和 84－15995。与全身病灶分离株相关的聚类表明存在毒力增强世系。其次，与肺炎相关的聚类包括肺而不是全身病灶临床分离株。这一组与引起肺炎的能力有关，但还没有到达全身部位的能力。不幸的是，几乎没有菌株和更多的肺炎分离株能够确认这些数据。最后，测定了上呼吸道寄生聚类。虽然那些鼻分离株主要来自多年无格拉瑟氏病的养猪场，但不排除有潜在毒力菌株的存在。

无论如何，一个明显分支的组，所有的分析（等位基因 MLST、MLST 序列串联分析、16S rRNA 基因和 hsp60 部分序列）都支持与全身疾病强烈一致。像以前提到的一样，普通菌株和从全身部位分离的 11 个菌株的两种研究都提到分歧聚类。为了对该项目负责，我们用第九章的 MLST 分离株，更具体的是 131 珠中的 127 珠分离株的 16S rRNA 基因部分序列（－1 400bp）构建了邻接树。与致病有关的聚类（第九章的聚类2）是以 MLST 串联测序的 29 株分离株形成的，以及它们中的 27 株形成分歧分支，在 16S rRNA 基因树中，得到 99% 自举值支持。这些结果进一步支持副猪嗜血杆菌内存在与致病相关的分歧世系。

不同亚群和毒力之间的连接还需要进一步的研究。很明显，动物感染将给出很好的、清晰的结果，不过，用于试验的菌株应该选择有代表性的。可选择一种毒力标准研究，如在不同菌群中 37kD 蛋白质或多位点酶电泳（MLEE）图谱。

最后，更多毒力世系的存在是非常有趣的，通过了解携带这些菌株的风险，将改善格拉瑟氏病的诊断和控制。

第五节　副猪嗜血杆菌群体结构

许多病原菌通过特异克隆引起疾病，蔓延后引起暴发。这些克隆便于选择和传播（克隆的扩散），产生一个"流行病"群体结构（Smith et al.，2000）。这种结构没有副猪嗜血杆菌的证据，因为没有分离出高频率克隆子。此外，在副猪嗜血杆菌群体中清晰测出了无组群结构或重组限制。MLST 显示的群体结构表明许多不同的 ST 和少量 CC 的存在，但没有一个在群体中显示有显著频率。虽然，测定更多的临床分离株可能获得毒力 CC 广泛分布的证据。这些发现与随机交配群体结构一致，通过同源重组模糊垂直世系和非等位基因连锁失调而发生遗传变化。这就与今天副猪嗜血杆菌感染的家畜流行病有矛盾，但对自然免疫、细菌从一个养猪场传播到另一个养猪场的物理限制可以解释，这就是毒力 CC 在猪群中不传播但高频率分离的原因。必须考虑，疫病的暴发与不同来源动物的混合似乎与从一个农场到另一个农场的寄主携带的疫病密切相关。

最后，目前副猪嗜血杆菌的数据不代表连锁失调和指示自由重组家畜随机交配群体。此外，很难找到副猪嗜血杆菌内部世系指示克隆群体结构不存在。严格来说，两个群体结构有 Maynard-Smith 等提出的特征，即随机交配群体和隐秘种类。在第一种情况中，有单个自由重组群体。第二种情况中，群体分成两个随机交配群体，每一个都有生态位。两种情况的世系很难定义。采用 16S rRNA 和 MLST 测序将两个分支中的副猪嗜血杆菌明显分开将给予第二种群体结构——隐秘种类更多的支持。

第六节　分类含义

作为预测，在个体基因树（hsp60 部分序列或包含在 MLST 项目中的 7 个基因片段的任何一个）和 MLST 串联序列或 16S rRNA 基因树之间还没有较好的一致性。但有趣的是，在 MLST 串联序列树和 16S rRNA 基因树之间有一致性。这个发现进一步支持 16S rRNA 基因测序是种的鉴定和系统发生重建的最节约方法，但在分类水平上是有争议的。所有的基因分型技术都报道副猪嗜血杆菌没有遗传同源种，但在 16S rRNA 基因序列中有很高的可变性，并可用 MLST 串联测定在两个亚群之间有分支，以及 16S rRNA 基因测序能指示副猪嗜血杆菌内两个种的存在。

一方面，我们报道了副猪嗜血杆菌内存在重组，它干扰系统发育的重构和分类单位的鉴定。另一方面，致病相关聚类包括 Nagasaki 血清型 5 参考菌株似乎与数值分类（UPG-MA）或用邻联序列系统发育分析的结果非常一致。所以，支持多基因位点或 16S rRNA 序列系统发育能更强烈对抗横向基因转移影响的干扰。理论上，由于在姐妹聚类之间无重组现象，可以推断两个克隆聚类对优势种分离水平有益（Lan & Reeves，2001）。在两个亚群中发现 ST 的几个等位基因，表明没有获得完整的分离。此外，在这个水平上 16S rRNA 序列内的可变性的意义还不清楚。关于 16S rRNA 在细菌菌株鉴定中的应用和正确分类的合适阈值已有大量的讨论（Fox et al.，1992；Harmsen & Karch，2004；Janda & Abbott，2002；Ludwig & Schleifer，1999；Stackebrandt，1994）。实际上，普遍接受分离株与其他细菌一致被人们鉴定属于不同分类（Fox et al.，1992；Janda & Abbott，2002；Stackebrandt，1994）。因此，从序列数据库中搜索报道的 99% ~99.5% 的序列一致性已应用于种的鉴别（Janda & Abbott，2002）。然而，≤97% 的序列一致性的分离株有没有可能属于同一种类，DNA-DNA 杂交研究将解决这些问题（Stackebrandt，1994）。

先前研究的 DNA-DNA 杂交和 16S rRNA 基因序列系统发育研究提示，参考株 Nagasaki 可能代表不同的种类或来自副猪嗜血杆菌分型菌株（NCTC4557）亚类（Dewhirst，1992；Morozumi & Nicolet，1986）。采用 DNA-DNA 杂交发现副猪嗜血杆菌 Nagasaki 菌株与其他同种参考菌株杂交的概率只有 $64 \pm 5\%$（Morozumi & Nicolet，1986）。不幸的是，这些结果没有弄明白这一点，首先因为同种和不同种之间的极限是只建立 70% 的 DNA-DNA 杂交与 5% ΔTm（Wayne，1987）；其次，在本工作中只包含一个菌株。在我们对副猪嗜血杆菌的多态性研究中，野外菌株在 Nagasaki 聚类与超出该聚类的那些分离株的序列鉴别低于 95%。所以，如果 Nagasaki 菌株存在于数据库Ⅱ中的 16S rRNA 基因序列与其他参考菌株比较，序列鉴定范围为0.992~0.997（数据未显示）。

这就支持两个不同品种的存在，但必须通过DNA-DNA杂交研究来证实。所以，在副猪嗜血杆菌中，利用全细胞或外膜蛋白介绍了两个不同的主要蛋白图谱的存在并证明了分支世系。

第七节 评 价

总体来说，应用这几种方法可达到副猪嗜血杆菌感染的最好诊断，临床特征、病理发现、细菌培养和分子实验必须一致。特别重要的是，要用合适的样品来测定引起临床问题的菌株。对于格拉瑟氏病来说，全身样品最适合，上呼吸道样品不适宜用目前的技术诊断。当只观察到动物中的肺炎病灶时，肺组织可用于诊断，但要避免用于格拉瑟氏病的诊断。但可能由于物流的原因，肺组织仍然频繁使用，因为肺样品相当容易送到诊断实验室，而且来自全身或肺的许多疑似样品的组织同样能分离病原菌。无疑，当脑膜炎感染时，浆膜表面拭子不仅是诊断格拉瑟氏病的好道具，也可用于其他病原菌如猪葡萄球菌（*Streptococcus suis*）的感染诊断。

需要了解菌株的潜在致病性和与不同细菌的交叉保护以便建立真正有效的控制方法。而且，在副猪嗜血杆菌菌株中，交叉保护水平也是评价混合携带细菌动物风险的关键。一般认为，亚群的不同致病力可能基于不同黏附、侵入和避开寄主免疫应答机制。毫无疑问，可能引起全身性致病的副猪嗜血杆菌，必须避开和经过几个寄主障碍和防御机制。引起脑膜炎和全身感染的其他微生物，已介绍了许多机制。在接下来的时间里，用于副猪嗜血杆菌的描述将主要集中于该细菌的研究。

副猪嗜血杆菌毒力因子的鉴别将需要进一步开发更具有诊断专一性的工具（例如副猪嗜血杆菌毒力专一性基因的PCR扩增）和设计通用疫苗。毒力特异性PCR最终将有益于鼻拭子分析和活动物的研究。最后，本工作中介绍的不同亚群可能是确定假定致病潜力毒力因子研究的起点。毒力菌株与非毒力菌株之间存在的基因差异可以指出哪些基因有致病作用。所以，它们也将有助于广谱疫苗的开发。

综上所述，副猪嗜血杆菌的分子技术有如下特点：

（1）ERIC-PCR是完成现地副猪嗜血杆菌流行病学研究的便宜而快捷的途径，但在寻找特定菌株与其他世系相互关系时出现重复性问题并导致失败。

（2）16S rRNA基因序列表明，可变性范围可满足副猪嗜血杆菌种水平上的鉴别和不同菌株的分型。而且，这种基因能够强烈对抗重组的影响和满足现地的系统重建以及全球流行病学研究。

（3）检测副猪嗜血杆菌、小放线杆菌和猪放线杆菌之间横向基因转移（LGT）。虽然用hsp60部分测序在系统发生研究中无效，但仍然可用于不同分离株现地流行病学的研究。

（4）MLST技术可以应用于副猪嗜血杆菌现地和全球流行病学研究，因为有优良的分辨水平且不受LGT的影响。

（5）用MLST，菌株聚类与鼻分离株（假设非毒力菌株）和另一些病灶分离株（假设毒力菌株或致病相关菌群）相一致。

（6）用 MLST 等位基因图谱以及 16S rRNA、*hsp*60 和 MLST 串联序列系统可确定与致病相关聚类为副猪嗜血杆菌分支亚群。

（7）MLST 为副猪嗜血杆菌群体结构提供了准确的信息，认可种内亚群的差异，发现副猪嗜血杆菌有脑膜炎群体结构，即可能是危险菌群。（Oliveira et al.，2006）

第十一章　空肠弯曲菌的多位点序列分型系统

概要： 空肠弯曲菌广泛存在于家畜储水池等环境中并能引起人的胃肠炎。现今，我们不仅缺乏适合群体遗传学分析的方法，还缺乏普遍公认的术语，这些阻碍了对该生物流行病学和群体生物学的研究。本章介绍了对该生物进行多位点序列分析分型（MLST），即使用 7 种持家基因位点遗传变异决定分离株的遗传关系的研究。利用不同来源（人、动物和环境）的 194 种空肠弯曲菌建立了 MLST。在国际互联网上（http：//mlst. zoo. ox. ac. uk）建立了这些分离株的等位基因图谱或序列型，构成了可以不断扩展的真实分离株资料。这些数据表明空肠弯曲菌遗传上的不同，即拥有弱克隆群体结构，表明种内和种间水平遗传交换很普遍。观察到 155 个序列型，其中 51 个（33% 分离株）是唯一的，剩余的被分在 2 ~ 56 成员之间与序列型有关的 11 个连锁或克隆复合体中。在某些情况下，连锁或序列型成员与特殊 Penner HS 血清型有关。本方法的应用将为进一步构建空肠弯曲菌分离株流行病学的全球完整图谱做出贡献，并使该微生物的群体遗传学得到更详细的研究。

空肠弯曲菌（*Campylobacter jejuni*）是在许多工业化国家引起人胃肠病的最普遍的病原菌，导致公共卫生资源的大量损害。典型的感染伴随突然发烧、腹部绞痛与带血和白细胞的腹泻。偶尔出现的后遗症和某种血清型空肠弯曲菌感染与格林 – 巴利综合征（Guillain-Barré syndrome）有关。空肠弯曲菌广泛分布在环境中，形成了鸟类和哺乳类天然肠菌类。生的或煮得不熟的肉产品的处理和消费，特别是鸡在屠宰时的污染通常导致生病。然而，多数空肠弯曲菌的感染被认为是偶然发生的，因为感染源存在不确定性。空肠弯曲菌病的偶尔大规模暴发已经证明与水或生牛奶的污染有关。

目前已经有很多方法能在传染病学和流行病学领域研究鉴别空肠弯曲菌分离株。但是，由于这些方法缺乏广泛有效的试剂而限制了它们的应用。此前开发的基因型分型方法，因技术和它们的说明没有标准而未被普遍接受。对分离株图谱缺乏普遍的术语系统阻碍了国际弯曲菌分型数据库的发展。

MLST 已成功界定了几种细菌。这种技术应用多位点酶电泳的观念，因为来自多重染色体位点的中性遗传变异被指数化，利用核苷酸序列测定来确定这种变异。在其他细菌的 MLST 研究中，用于鉴别的 7 个位点核苷酸序列延伸到 500bp 就相当于获得了 15 ~ 20 个位点的多位点酶电泳分析。序列数据很容易在实验室比较和适合于电子储存与发表。而且，MLST 能减少活细菌运输的需要，因为 PCR 产物中的核苷酸序列测定可以从杀灭的细胞悬液、纯化的 DNA 或临床样品中获得。环球网站建立了数据储藏、交换和 MLST 方案（http：//mlst. zoo. ox. ac. uk）。MLST 特别适合长期的和全球的流行病学研究，如它可以识别在群体中缓慢积累的变异，变异的数据可以用于个别暴发的研究，特别是当 MLST 数据与其他数据组合时，例如编码抗体基因的核苷酸序列。

本章介绍了空肠弯曲菌 MLST 方案。该系统基于 7 个持家基因位点的核苷酸序列和建立了检测不同来源获得的 194 个分离株研究方案。鉴定了总数为 155 的完全分开的序列型（ST），它们被分成 62 个克隆连锁或复合体，有证据说明它们有广泛的遗传交换，包括来自至少两个其他弯曲菌（含大肠弯曲杆菌）等位基因的输入。进一步的分析表明，空肠弯曲菌存在弱克隆群结构和一些复合体与特定 Penner HS 血清型有关。这些结果为 MLST 对空肠弯曲菌的流行病学和群体遗传学的进一步研究提供了基础。

第一节　材料和方法

1. 弯曲菌分离株

空肠弯曲菌分离株来自英国皮尔森市皮尔森公共健康实验室，包括人弯曲杆菌以及家畜和环境分离株。Penner 热稳定抗原血清型参考分离株由 J. Penner 从英国典型菌种保藏中心以及美国典型菌种保藏中心获得并捐赠给皮尔森公共健康实验室。另外的 11 株分离株来自国家公共卫生和环境学院荷兰传染病研究室和动物科学机构，还包括健康研究学院细菌学系的收藏菌。其中非人类分离株从荷兰不同的养猪场获得，人的分离株取自荷兰全科医生的病例对照研究。分离株中 79 株来自人弯曲杆菌病病例，38 株来自当地环境，3 株来自牛奶，40 株参考分离株为人分离株的 Penner 血清型，75 株来自 1990—1991 年发生在英国的病例，3 株来自 1997—1998 年荷兰病例分离株，1 株为 1998 年澳大利亚病例分离株。家畜分离株包括：鸡 34 株、牛 3 株、鸭 1 株（其中含 1990 年 24 株英国分离株、5 株荷兰分离株和 5 株新西兰分离株）。3 株牛奶分离株来自 1991 年英国。所有环境分离株，除了 1 株来自水（1991 年英国）外，其他都来自（英国 1994 和 1995 年）海滨浴场的沙地。

2. 分离株的培养和染色体 DNA 的制备

所有细菌分离株于脑心浸出液肉汤培养基中加 20% 甘油，−70°C 保存，通常非遗传变异可能在储藏中被诱导变异。为了提前提取 DNA，储藏菌株要在室温下解冻。每个分离株，在血琼脂平板上画线分离（以便生长不连续的菌落）和在微氧条件下，37°C 培养 72 小时。用 Isoquick 试剂盒（Microprobe 公司产）或用 Wizard 基因组 DNA 试剂盒提取 DNA。

3. 基因位点的选择

编码中间代谢酶的基因位点数量，通过拥有其他细菌基因序列的空肠弯曲菌基因数据库搜索来确定（http：//www. sanger. ac. uk/Projects/C_jejuni/）。然后基于标准数量，包括染色体位置、引物设计的适宜度和初步研究的多态性来选择合适基因。为 MLST 选择了 7 个基因（括号内为蛋白产物）：*aspA*（天冬氨酸酶）、*glnA*（谷氨酸合成酶）、*gltA*（柠檬酸合成酶）、*glyA*（丝氨酸羟甲基转移酶）、*pgm*（葡萄糖磷酸变位酶）、*tkt*（转羟乙醛酶）和 *uncA*（ATP 合成酶 β 亚基）。这些持家基因位点的染色体区域提示，在同样重组中不可能有任何辅助遗传，因为位点之间的最小距离是 70kb（见图 11 − 1）。

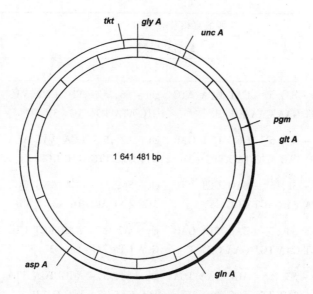

图 11 - 1　MLST 位点的染色体位置

注：7 个基因位点的位置显示在由 NCTC1168（http：//www. sanger. ac. uk/Projects/C_je-jumi/）分离株基因组序列建立的空肠弯曲菌染色体图谱上，1 641 481bp 基因组被分成 10 个片段，每个片段代表 164 148bp。

4. 扩增和核苷酸序列测定

用发表的空肠弯曲菌序列设计的寡核苷酸引物用于扩增 PCR 产物。实验引物的范围，用表 11 - 1 的引物提供不同样品范围的可靠扩增（另外的脱氧寡核苷酸引物参考 http：// mlst. zoo. ox. ac. uk/）。每 50μL 扩增反应混物由 10ng 弯曲菌染色体 DNA、1μmol/L PCR 引物、1 × PCR buffer（Perkin-Elmer Corp. ）、1. 5mmol/L $MgCl_2$、0. 8mmol/L dNTP 和 1. 25U Taq 酶（Perkin-Elmer Corp. ）组成。

表 11 - 1　空肠弯曲菌 MLST 寡核苷酸引物

基因位点	功能	二脱氧寡核苷酸引物		扩增子大小（bp）
		命名和序列		
		正向	反向	
asp	扩增	asp - A9, 5' - AGT ACT AAT GAT GCT TAT CC - 3'	asp - A10, 5' - ATT TCA TCA ATT TGT TCT TTG C - 3'	899
	序列	asp - S3, 5' - CCA ACT GCA AGA TGC TGT ACC - 3'	asp - S6, 5' - TTA ATT TGC GGT AAT ACC ATC - 3'	
gln	扩增	gln - A1, 5' - TAG GAA CTT GGC ATC ATA TTA CC - 3'	gln - A2, 5' - TTG GAC GAG CTT CTA CTG GC - 3'	1 262

103

（续上表）

基因位点	二脱氧寡核苷酸引物			扩增子大小（bp）
	功能	命名和序列		
		正向	反向	
glt	序列	gln – S3，5' – CAT GCA ATC AAT GAA GAA AC – 3'	gln – S6，5' – TTC CAT AAG CTC ATA TGA AC – 3'	1 012
	扩增	glt – A1，5' – GGG CTT GAC TTC TAC AGC TAC TTG – 3'	glt – A2，5' – CCA AAT AAA GTT GTC TTG GAC GG – 3'	
gly	序列	glt – S1，5' – GTG GCT ATC CTA TAG AGT GGC – 3'	glt – S6，5' – CCA AAG CGC ACC AAT ACC TG – 3'	816
	扩增	gly – A1，5' – GAG TTA GAG CGT CAA TGT GAA GG – 3'	gly – A2，5' – AAA CCT CTG GCA GTA AGG GC – 3'	
pgm	序列	gly – S3，5' – AGC TAA TCA AGG TGT TTA TGC GG – 3'	gly – S4，5' – AGG TGA TTA TCC GTT CCA TCG C – 3'	1 150
	扩增	pgm – A7，5' – TAC TAA TAA TAT CTT AGT AGG – 3'	pgm – A8，5' – CAC AAC ATT TTT CAT TTC TTT TTC – 3'	
tkt	序列	pgm – S5，5' – GGT TTT AGA TGT GGC TCA TG – 3'	pgm – S2，5' – TCC AGA ATA GCG AAA TAA GG – 3'	1 102
	扩增	tkt – A3，5' – GCA AAC TCA GGA CAC CCA GG – 3'	tkt – A6，5' – AAA GCA TTG TTA ATG GCT GC – 3'	
unc	序列	tkt – S5，5' – GCT TAG CAG ATA TTT TAA GTG – 3'	tkt – S4，5' – ACT TCT TCA CCC AAA GGT GCG – 3'	1 120
	扩增	unc – A7，5' – ATG GAC TTA AGA ATA TTA TGG C – 3'	unc – A2，5' – GCT AAG CGG AGA ATA AGG TGG – 3'	
	序列	unc – S5，5' – TGT TGC AAT TGG TCA AAA GC – 3'	unc – S4，5' – TGC CTC ATC TAA ATC ACT AGC – 3'	

反应条件为 94℃ 变性 2min，50℃ 引物退火 1min，72℃ 延伸 1min，共循环 35 次。用 20% 的聚乙二醇和 2.5 mol/L NaCl 沉淀纯化扩增产物，测定核苷酸序列，每个 DNA 至少用一个表 11 – 1 中内嵌式引物和按照仪器产品说明加入 BigDye Ready Reaction Mix（PE Biosystems）试剂。用 95% 乙醇沉淀去除没有结合染料的末端，分离反应产物，用 ABI Prism 3700 DNA 自动测序仪测序。所测序列色谱图用 STADEN 软件在计算机上合成。

5. 等位基因和序列型分配

给每个位点和不同的等位基因序列随机标记数字以便辨认，形成内框含有精确编码数的基因片段。每个分离株指派 7 个数字，建立等位基因图谱或序列分型。数据存入因特网上的合适的数据库（http：//mlst. zoo. ox. ac. uk/）。ST 也给一个任意数以便辨认（如 ST –

1）。新的序列给一个等位基因数，分离株由询问数据库的 ST 标记。新序列等位基因数据和新等位基因谱 ST 数据提交到数据库获得。

用 Burst 程序（http：//mlst. zoo. ox. ac. uk）将 ST 分组成世系或克隆复合体。世系成员被定义为拥有一个 ST（该 ST 在 4 个以上位点上共享同样的等位基因），两个或两个以上独立分离株为一组。ST 鉴定后给每个世系命名作为 Burst 推断源头组，接下来写上"复合体"（如：ST - 21 复合体）。

6. 系统发生分析

通过群体指数（I_A）检测评价数据组内克隆程度，用 J. Maynard Smith 所做的程序计算所有的 ST 和每个世系 ST 代表分支。通过 MLD 距离矩阵程序构建等位基因错配的距离矩阵研究所给复合体 ST 中的相关性。每个等位基因差异都同等处理，因为假定不同等位基因之间没有相关性。用 SplisTree v3. 1 的 Split 分解分析假定距离矩阵。通过先进的修剪解决分支获得高度肯定的分裂曲线，曲线通过参考等位基因谱来标明。采用 MEGA 程序完成的其他数据分析包括 d_N/d_S 的计算。所有使用的程序都可以上网下载（http：//mlst. zoo. ox. ac. uk，http：//bibserv. techfak. uni-bielefeld. de/splits 和 http：//evolgen. biol. metro - u. ac. jp/MEGA）。

第二节 结 果

1. 持家基因多态性

MLST 界定的等位基因长度在 402bp（*gltA*）到 507bp（*glyA*）之间，在 27（*gltA* 和 *uncA*）到 46（*pgm*）等位基因之间出现在每个位点。MLST 等位基因排列不同位点存在的比例从 9.2%（*pgm*）到 21.2%（*tkt*）。这是部分由于多态性存在于其他等位基因的分支（有 11% ~ 15% 核苷酸序列差异）的少数等位基因。观察到这样的等位基因在每个 MLST 中至少出现一次并且出现在整个分离株中，不同的等位基因在 1 到 6 个位点之间。搜索 GenBank 数据库确定，其中两个在 *gltA* 位点上，与空肠弯曲杆菌基因序列非常一致（97% 核苷酸序列一致），剩余的等位基因序列在 5.2%（*aspA*）到 11.8%（*pgm*）位点可变（见表 11 - 2）。

表 11 - 2 空肠弯曲菌 MLST 位点遗传多态性[*]

位点	片段大小（bp）	等位基因	可变位置	可变位置（%）	d_N/d_S
aspA	477	37（35）	67（25）	14（5.2）	0.055（0.049）
glnA	477	39（36）	69（30）	14.4（6.3）	0.045（0.071）
gltA	402	27（25）	63（32）	15.7（8）	0.059（0.057）
glyA	507	37（35）	107（59）	21.1（11.6）	0.058（0.057）
pgm	498	46（45）	108（59）	21.7（11.8）	0.048（0.038）
tkt	459	37（32）	98（48）	21.3（10.5）	0.033（0.037）
uncA	489	27（25）	91（41）	18.6（8.4）	0.028（0.036）

＊括号内包括可能起源于其他菌株的等位基因。

通过 d_N（基于非同源替换）计算和指出了改变氨基酸序列的核苷酸变化比例，通过 d_S（基于同源替换）表明了不改变氨基酸序列的核苷酸变化比例。计算全部 7 个位点的 d_N/d_S 比例，不管在分析中有多少不同的等位基因，其结果都少于 1（见表 11 – 2）。每个等位基因出现在同一群体中的频率见图 11 – 2。也许几个等位基因占优势，剩余的在 1~2 个分离株中。

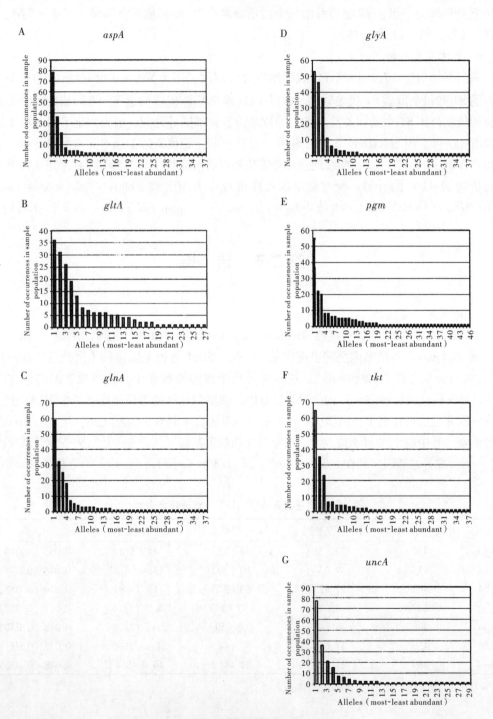

图 11 – 2　样品群中等位基因频率

2. 序列型和谱系

被鉴定的 194 个分离株中有 155 个序列型，其中 140 个（90%）只出现一次，大多数序列型（ST－21）在资料中出现 8 次。ST 在谱系中分配，51 个要么是唯一的，要么与其他不相关。剩余的分离株分配成 11 个复合体：ST－21 复合体最大，有 57 个成员；ST－45 有 23 个成员；ST－179 由 6 个 ST 组成。两个谱系有三个 ST 成员，六个世系有两个成员（见表 11－3）。整套数据的 I_A 是 2.016，每个谱系只有一个代表是 0.567 1。

3. ST－21 复合体成员的相互关系

等位基因谱的配对比较而产生的距离矩阵分裂图表明了 ST－21 复合体成员中的相互关系（见图 11－3）。图 11－3 顶端左侧表示所有复合体成员不确定分裂图。经修剪的外面分支显示部分确定网络，图中心为进一步修剪成完全确定型。与 Burst 世系分布一致，ST 在分离图中心位置可能是源头菌。可以通过两个分离株之间的节点数（代表变化数）评价组内其他成员的相关性。例如，在图的中心区 ST－21 和 ST－19 被一个结点所分离，代表一个等位基因的变化。它们的 ST 分别是 2－1－1－3－2－1－5 和 2－1－5－3－2－1－5。ST－21 和 ST－31 被两个结点所分离而且相差两个等位基因（ST－31 是－2－20－12－3－2－5）。

4. 世系、来源和血清型的相互关系

出现在数据系列中属于两个最大世系的分离株，即复合体 ST－21 和复合体 ST－45，发源于源头多态性（见表 11－3）。ST－21 同源复合体包含 59 个人分离株（75%）、13 个鸡分离株（41%）、7 个沙滩分离株（21%）、3 个牛分离株（100%）和 3 个牛奶分离株（100%）。ST－45 同源复合体包括 10 个人分离株（13%）、11 个鸡分离株（32%）和 2 个沙滩分离株（6%）。ST－21 同源复合体（HS1，25%；HS2，33% 和 HS4，8%）中有 3 个 Penner HS 血清型占优势，和一些序列型形成了这个与血清型同源的世系（例如，6 个 ST－19 都是 HS1，而 8 个 ST－21 分离株都是 HS2 或不能分型），尽管这些血清型也存在于不同 ST 的分离株中。相反，ST－45 同源复合体含有广泛不同的血清型和许多交叉反应分离株，但在 ST－21 复合物（HS1 和 HS2）中观察到两个最常见的血清型不在 ST－45 同源复合体中。除了起源于沙滩中的 7 个 ST－179 分离株（HS2 和 HS5）和 ST－130 同源复合体的两个成员，剩余的复合体包含少量与血清型同源的分离株（见表 11－3）。

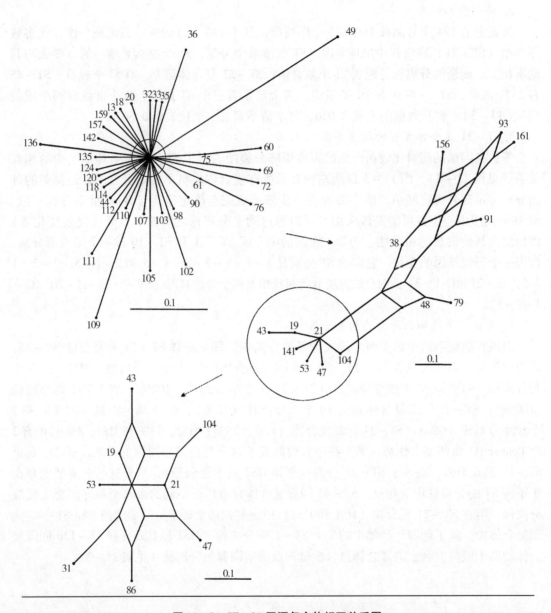

图 11 – 3   ST – 21 同源复合体相互关系图

注：聚类图显示 ST – 21 同源复合体成员的相互关系，圆圈和箭头所指示的是较高分辨率的分支，完全分辨区（图底部左下）来自含有最多同源复合体成员的自然图中心和表明源头成员 ST – 21。

表 11 - 3 空肠弯曲菌遗传谱系

遗传谱系	ST	分离株				
		细菌名[a]	来源	分离年份	国家	分型[c]
	13	P02（ATCC43430）	小牛			2
		2692	人	1991	英国	2
	18	313	人	1990	英国	1
	19	2167	人	1991	英国	1
		304	鸡	1990	英国	1
		307	人	1990	英国	1
		3907	人	1991	英国	1
		319	人	1990	英国	1
		316	人	1990	英国	1
	20	3618	人	1991	英国	2
	21	2248	人	1991	英国	2
		3616	牛奶	1991	英国	2
		2567	人	1991	英国	2
		2836	人	1991	英国	Ne[d]
ST - 21 同源复合体		3175	人	1991	英国	2
		3167	牛奶	1991	英国	2
		2269	人	1991	英国	2
		1576	人	1991	英国	NT
	31	321	人	1991	英国	1
	32	322	人	1991	英国	1
	33	333	人	1990	英国	1
	35	327	人	1990	英国	1
	36	1741	人	1992	英国	4c
	38	1835	人	1992	英国	NT
	43	NCTC11168[b]	人	1977	英国	2
	44	161H[r]	鸡	1998	荷兰	1，44
	47	79203	沙滩	1994—1995	英国	10
		79202	沙滩	1994—1995	英国	10
		79204	沙滩	1994—1995	英国	10
	48	Cy6412	牛	1998	荷兰	
	50	2817	水	1991	英国	2

（续上表）

遗传谱系	ST	分离株				
		细菌名[a]	来源	分离年份	国家	分型[c]
		314	人	1991	英国	1
		1951	鸡	1990	英国	1
		309	鸡	1990	英国	1
	53	2399	人	1991	英国	2
		3281	人	1991	英国	2
		2457	人	1991	英国	2
		C356	鸡	1990	荷兰	2
	61	1589	牛	1991	荷兰	13
		2018	人	1992	英国	4c
		1739	人	1992	英国	4c
		2019	人	1992	英国	4c
		2037	人	1992	英国	4c
	67	2473	鸡	1991	英国	1
	69	79201	沙滩	1994—1995	英国	1
	72	1441	牛	1993	新西兰	13,50
ST-21	75	3615	牛奶	1991	英国	2
同源复合体	76	1434	鸡	1993	新西兰	2
	79	3487	人	1991	英国	4
	86	P4（NCTC12561）				4
		1939	鸡	1990	英国	1
	90	3897	人	1991	英国	2
	91	79178	沙滩	1994—1995	英国	4
	93	1529	人	1993	英国	NT
		1564	人	1992	英国	NT
		1715	人	1992	英国	4c
		2017	人	1992	英国	4c
		2035	人	1992	英国	4c
		3222	人	1991	英国	4
	98	79238	沙滩	1994—1995	英国	4
	102	337	人	1990	英国	1
	103	1656	人	1992	英国	
	104	3782	人	1991	英国	4

（续上表）

遗传谱系	ST	分离株				
		细菌名[a]	来源	分离年份	国家	分型[c]
ST-21 同源复合体	105	3174	人	1991	英国	2
	107	2945	人	1991	英国	2
	108	2879	人	1991	英国	2
	110	2582	人	1991	英国	2
	111	2546	人	1991	英国	2
	112	2255	人	1991	英国	2
	114	2160	人	1991	英国	2
	118	1950	鸡	1990	英国	1
	119	2241	人	1991	英国	2
	120	2856	人	1991	英国	44
	124	317	鸡	1990	英国	1
	125	326	人	1990	英国	1
	135	2386	鸡	1991	英国	1
	136	79205	沙滩	1994—1995	英国	10
	141	2272	人	1991	英国	2
	142	2325	人	1991	英国	4
	156	P50（ATCC43465）	人	1983		50
	157	330	人	1990	英国	1
	159	1827	人	1992	英国	NT
	161	3827	人	1991	英国	4
	164	3550	人	1991	英国	2
	165	1953	鸡	1991	英国	1
	167	2529	鸡	1991	英国	2
	169	2844	人	1991	英国	2
	170	2987	人	1991	英国	2
ST-45 同源复合体	1	P9（ATCC43437）	山羊			9
	2	P12（ATCC43440）	人			12
	6	P27（ATCC43450）	人			27
	8	P33（ATCC43454）	人			33
	10	P55（AYCC43468）	人			55
	25	1429	鸡	1991		9
	45	3057	鸡	1991	英国	60

（续上表）

遗传谱系	ST	分离株				
		细菌名[a]	来源	分离年份	国家	分型[c]
ST - 45 同源复合体		P7（ATCC43435）	人			7
	66	3109	鸡	1991	英国	6
	68	3105	鸡	1991	英国	4, 16, 50
	70	79228	沙滩	1994—1995	英国	38
	77	2656	鸡	1991	英国	27
	88	P42（ATCC 43461）	人		加拿大	42
	94	3110	鸡	1991	英国	60
	95	3188	鸡	1991	英国	NT
	97	1436	鸡	1993	新西兰	NT
	109	2809	人	1991	英国	55
	128	P38（ATCC 43458）	人			38
	137	P45（ATCC43464）	人			45
	146	87034	沙滩	1994—1995	英国	NT
	163	2924	鸡	1991	英国	4, 13, 50
	168	2897	人	1991	英国	3, 37
	171	3108	鸡	1991	英国	6
	173	3052	鸡	1991	英国	4, 16, 50
ST - 179 同源复合体	80	79125	沙子	1994—1995	英国	2
	99	79129	沙子	1994—1995	英国	5
	100	79207	沙子	1994—1995	英国	2
	117	79045	沙子	1994—1995	英国	5
	152	79371	沙子	1994—1995	英国	2
	153	79372	沙子	1994—1995	英国	2
ST - 22 同源复合体	16	P19（ATCC 43446）	人			19
	22	3201	人	1991	英国	19
		1997—1591	人	1997	荷兰	19
	78	3779	人	1991	英国	19
ST - 177 同源复合体	81	79260	沙子	1994—1995	英国	55
	144	79308	沙子	1994—1995	英国	NT
	177	79309	沙子	1994—1995	英国	NT

（续上表）

遗传谱系	ST	分离株				
		细菌名[a]	来源	分离年份	国家	分型[c]
ST－17 同源复合体	14	P11（ATCC 43439）	人		加拿大	11
	17	3157	人	1991	英国	11
		2475	人	1991	英国	11
ST－51 同源复合体	27	P37（ATCC 43457）	人			37
	51	160H	鸡	1998	荷兰	
ST－65 通源复合体	34	335	人	1990	英国	1
	65	323	鸡	1990	英国	1
ST－52 同源复合体	52	c2143	鸡	1991	荷兰	
	172	2320	人	1991	英国	10
ST－125 同源复合体	125	326	人	1990	英国	
	135	2386	鸡	1991	英国	1
ST－130 同源复合体	130	P64（ATCC 49302）	人			64
	162	P65（ATCC 49303）	未知			65

注：a：符合美国典型菌种保藏中心或国家标准菌库方法培养，用 P 开头的命名为血清分型的参考分离株；

　　b：分离的空肠弯曲菌完整基因组序列可以在 http：www. sanger. ac. uk/Projects/C_jejuni 中查找；

　　c：来自 Penner 等的研究资料；

　　NT：不可分型。

第三节　评　价

　　明确的、有差别的分离株特征是流行病学、群体遗传学和进化研究的要点。的确，这些方案产生的数据与其所具有的范围相关，但在高通量核苷酸序列测定技术出现之前提供的都是模糊不清的结果。这就特别需要空肠弯曲菌合适的分型技术，因为这种常见的人类病原体有大量的动物和环境对它进行储蓄，并且相关疾病与动物或与环境种群之间的关系还有待全部阐明。本研究证明：MLST 可有效地鉴别空肠弯曲菌分离株，产生的数据可用于该微生物群体结构和进化机制的研究。MLST 的优势包括高鉴别力、高度可重复和用一种技术而不是多种技术合并简洁有力地阐明结果，产生的数据可经由互联网直接在实验室进行比较。该系统可在各实验室中转移，可在不同的地方完成序列测定。

　　选择 7 个位点是 MLST 分型方案的依据，因为可对广泛不同来源获得的分离株进行扩增和测序，但没有对空肠弯曲菌染色体（见图 11 - 1）表现出足够的多态性而提供高度的分辨率，并没有受到正选择，如同每个位点的 d_N/d_S 比率计算所证明的一样。d_N/d_S 比率大大少于 1 的事实证明有抗氨基酸变化的选择作用（d_N/d_S 比率大于 1 暗示有氨基酸变化的选择作用）。这些位点测定的核苷酸序列与以前的空肠弯曲菌研究的表型和基因型结果相一致，提示该微生物的群体是非常不同的。有些多态性可能是最近从相关种（潜在的弯曲大肠杆菌的供体）引进的，鉴定出了更多多态性序列。当这些可能的引进事件被排除时（见表 11 – 2），空肠弯曲菌样品呈现的核苷酸序列多态性与在淋病奈瑟菌（*Neisseria meningitidis*）（12，15a，20）观察到的相同，比在肺炎链球菌（*Streptococcus pneumoniae*）中看到的还要大。

持家基因序列提供了水平遗传交换对弯曲菌群体的结构和进化有主要影响的证据，其与弯曲菌本身和先前发现的空肠弯曲菌抗原基因相一致。对于全部数据集来说，当包括的每个世系只有一个样品时，I_A 从 2 降到 0.57，就是一个弱克隆群体的指示。该弱克隆群体含有许多彼此不相关的树枝状系统，相当于近期进化的源头克隆复合体。多态性源头分离株等位基因存在于不同血统和不同世系（例如，来自于人、沙和家畜分离株中的 *aspA* 等位基因 2）支持本观念，因为在最普通世系内的大多数变化可能是由于重组替换而不是突变是确切的事实。

弱克隆生物收集的分离株中清晰可见的世系的存在可以通过抽样扩增，例如，许多属于 ST – 2 复合体分离株的存在，这个复合体成员更可能与人的传染病有关。作为选择，某些世系可能与特定生态位有关，例如，包含环境分离株（来自英国海水浴场的沙滩）的 ST – 179 复合体。进一步以 MLST 分析适当的分离株，对于更加完善地阐明这些问题是必需的。然而，人分离株显著集中在 ST – 21 复合体中，但又发现有广泛分布的鸡分离株，提示人的菌株大多数来自鸡是不大可能的，但人的菌株可能有不同来源（如牛），虽然所研究的来自牛菌株的数量很少。不同种类弯曲菌分类关系基于核苷酸序列更详细的研究也保证了这些微生物中遗传变异的证据的提供。

许多分型技术已应用于空肠弯曲菌，基于外膜脂多糖成分的 Penner HS 分型被许多实验室所推崇。本章的数据证明符合 Penner HS 血清型并在一些世系中保存（见表 11 – 3）；例如，Penner HS 型和 ST – 21 复合体一些成员中的 ST 之间有相互关系。然而，Penner HS 血清型的 ST – 45 克隆复合体成员是高度多样性的（见表 11 – 3），这些数据与早期报道的数据一致，提示了超过取样期的许多空肠弯曲菌株的遗传和抗原性仍然稳定。

这些数据为开发 MLST 对空肠弯曲菌的研究打下了基础。MLST 方法原则上可用于任何细菌的研究，而这里介绍的寡核苷酸引物不是按其他弯曲菌特征设计的，空肠弯曲菌和至少一种其他弯曲菌的种间水平遗传交换的证据强力提示，MLST 系统可直接应用于其他种类的弯曲菌研究。大多数空肠弯曲菌多态性基因测序的等位基因鉴定，表明微生物学的和核苷酸序列基于这些微生物分类之间的不一致，还需要另一些数据和分析来阐明这些议题。

MLST 方案提供了在全球和地方背景下疫病暴发的研究方法，使本菌从环境、家畜到人的怀疑传播途径得以证实。此外，MLST 数据将帮助解决诸如在群体水平上环境与疫病分离株的相互关系、空肠弯曲菌群体结构、世系的广泛分布和存在及其他问题。空肠弯曲菌 MLST 网站是可自由访问的资源，为社会提供这些重要但人们还不完全了解的病原菌研究的全部数据。

附录1 菌株与对应的序列型（ST）、等位基因配置文件、克隆复合物（序号）、分离株所处的器官和国家

菌株	ST	*rpoB*	*6pgd*	*meh*	*infB*	*frdB*	*g3pd*	*atpD*	Burst	UP-GMA	器官	国家
279/03	92	22	31	7	16	11	1	6	1	A	气管	西班牙
AZ6-3	99	26	1	7	16	11	1	6	1	A	鼻子	西班牙
AZ8-5	99	26	1	7	16	11	1	6	1	A	鼻子	西班牙
CN8-1	59	12	1	13	16	11	1	6	1	A	鼻子	西班牙
VC8-3	56	12	1	13	16	14	3	6	1	A	鼻子	西班牙
IQ7N-7	56	12	1	13	16	14	3	6	1	A	鼻子	西班牙
IQ9N-3	56	12	1	13	16	14	3	6	1	A	鼻子	西班牙
NU5-3	57	12	1	10	16	1	1	6	1	A	鼻子	西班牙
ND14-1	97	26	1	10	16	12	1	1	1	A	鼻子	西班牙
ND19-2	97	26	1	10	16	12	1	6	1	A	鼻子	西班牙
PM2-2b	97	26	1	10	16	12	1	6	1	A	鼻子	西班牙
VC3-1	58	12	1	10	16	14	1	6	1	A	鼻子	西班牙
PM1-1	98	26	1	10	8	12	1	6	1	A	鼻子	西班牙
F9	43	9	13	10	14	11	1	6	6	A	鼻子	西班牙
VB5-5	44	9	13	10	16	11	1	6	6	A	鼻子	西班牙
416-1	44	9	13	10	16	11	1	6	6	A	鼻子	西班牙
VS6-10	44	9	13	10	16	11	1	6	6	A	鼻子	西班牙
VS7-6	44	9	13	10	16	11	1	6	6	A	鼻子	西班牙
FL1-3	39	7	29	16	14	12	1	6	8	A	鼻子	西班牙
N139/05-4	34	7	19	16	16	12	1	6	8	A	鼻子	西班牙
N140/05-4	34	7	19	16	16	12	1	6	8	A	鼻子	西班牙
SR103-1	34	7	19	16	16	12	1	6	8	A	鼻子	西班牙
SC12-1	71	16	21	13	17	12	1	9	13	A	鼻子	西班牙
SC18-4	71	16	21	13	17	12	1	9	13	A	鼻子	西班牙

（续上表）

菌株	ST	*rpoB*	*6pgd*	*meh*	*infB*	*frdB*	*g3pd*	*atpD*	Burst	UP-GMA	器官	国家
SC14-1	72	16	21	13	16	12	1	9	13	A	鼻子	西班牙
CC2-2	69	16	10	13	33	12	1	11	单独	A	鼻子	西班牙
7204167-1	93	22	33	8	16	12	1	20	单独	A	未知	丹麦
CN9-2	109	31	21	13	17	14	1	11	单独	A	鼻子	西班牙
MU21-2	66	14	18	15	16	14	1	6	单独	A	鼻子	西班牙
MU25-5	66	14	18	15	16	14	1	6	单独	A	鼻子	西班牙
MU26-2	66	14	18	15	16	14	1	6	单独	A	鼻子	西班牙
ND10-4	96	25	35	10	13	9	1	22	单独	A	鼻子	西班牙
RU9-1	108	31	10	10	32	14	1	11	单独	A	鼻子	西班牙
VC8-4	86	21	9	14	16	1	1	6	单独	A	鼻了	西班牙
4590	88	21	16	6	1	9	1	12	单独	B	肺	德国
9904791	95	24	16	19	1	15	1	6	单独	B	未知	丹麦
256/04	87	21	16	9	1	1	1	11	单独	B	肺	西班牙
7211027-2	94	23	16	19	1	18	1	19	单独	B	未知	丹麦
SR2-2	102	27	16	9	13	19	1	21	单独	B	鼻子	西班牙
LH9N-4	6	1	22	13	17	11	1	10	4	C	鼻子	西班牙
SL4-1	91	22	22	10	17	11	1	10	4	C	鼻子	西班牙
PM5-4	62	12	22	10	17	11	1	10	4	C	鼻子	西班牙
PM8-3	62	12	22	10	17	11	1	10	4	C	鼻子	西班牙
3032	85	21	2	1	20	1	5	1	7	C	肺	德国
PV1-12	101	27	2	1	20	1	2	1	7	C	全身	西班牙
9904575	23	4	27	9	26	15	1	6	12	C	未知	丹麦
7204122	22	4	27	9	20	15	1	6	12	C	未知	丹麦
9904108	89	21	27	1	29	26	1	6	单独	C	未知	丹麦
167/03	1	1	1	1	1	1	1	1	单独	C	肺	西班牙
23/04	42	8	12	9	13	1	1	1	单独	C	全身	西班牙
233/03	7	2	2	1	2	2	1	1	单独	C	肺	西班牙
61/03	82	19	9	9	1	18	1	1	单独	C	肺	西班牙
AZ1-1	100	26	41	19	23	27	1	1	单独	C	鼻子	西班牙
AZ2-1	60	12	1	1	8	11	1	10	单独	C	鼻子	西班牙
CA36-2	104	27	27	4	20	30	1	1	单独	C	鼻子	西班牙
CT-175-L	64	13	16	14	34	1	13	1	单独	C	肺	西班牙

附录1　菌株与对应的序列型（ST）、等位基因配置文件、克隆复合物（序号）、分离株所处的器官和国家

（续上表）

菌株	ST	*rpoB*	*6pgd*	*meh*	*infB*	*frdB*	*g3pd*	*atpD*	Burst	UP-GMA	器官	国家
GN-256	50	10	8	19	20	27	1	5	单独	C	未知	西班牙
P2418	81	18	34	19	10	1	1	21	单独	C	未知	西班牙
P555/04	55	11	14	12	15	1	1	1	单独	C	全身	阿根廷
sw114[NV]	3	1	10	1	12	11	1	6	单独	C	鼻子	日本
37	63	13	16	14	15	15	2	1	单独	C	未知	西班牙
4857	67	15	2	1	1	16	5	1	单独	C	脑膜	德国
SC11-4	106	29	37	3	13	1	1	1	单独	C	鼻子	西班牙
SC19-1	80	18	26	19	20	18	1	5	单独	C	鼻子	西班牙
sw124[HV]	31	5	9	9	11	10	5	1	单独	C	鼻子	日本
sw140[MV]	30	5	5	5	6	5	1	1	单独	C	鼻子	日本
VB4-1	77	17	25	9	13	1	2	1	单独	C	鼻子	西班牙
VC6-2	74	16	25	6	20	1	10	5	2	D	鼻子	西班牙
N67/01	73	16	25	13	20	1	1	5	2	D	鼻子	西班牙
112/02	73	16	25	13	20	1	1	5	2	D	全身	西班牙
19/04	79	17	25	6	19	1	1	5	2	D	气管	西班牙
32-2	76	17	25	6	19	17	1	5	2	D	鼻子	西班牙
CA32-1	65	13	25	6	20	1	1	5	2	D	鼻子	西班牙
VC1-3	78	17	25	6	20	1	10	5	2	D	鼻子	西班牙
FL3-1	83	19	27	19	21	1	4	5	单独	D	鼻子	西班牙
FL8-3	68	15	27	6	1	1	7	11	单独	D	鼻子	西班牙
N459/05-1	90	21	40	8	20	31	12	5	单独	D	鼻子	西班牙
46080	103	27	25	6	16	4	12	5	单独	D	肺	西班牙
PC3-2P	70	16	16	19	20	1	7	1	单独	D	全身	西班牙
RU14-5P	75	17	9	16	13	4	14	5	单独	D	全身	西班牙
2620	45	9	16	19	23	1	7	5	单独	D	全身	德国
174[NV]	32	6	6	6	7	6	1	5	单独	D	鼻子	瑞士
34	61	12	15	13	8	14	3	6	1	E	未知	西班牙
CD10-4	46	9	17	8	8	12	3	6	5	E	鼻子	西班牙
CD11-4	46	9	17	8	8	12	3	6	5	E	鼻子	西班牙
CD7-3	46	9	17	8	8	12	3	6	5	E	鼻子	西班牙
CD8-1	46	9	17	8	8	12	3	6	5	E	鼻子	西班牙
CD9-1	46	9	17	8	8	12	3	6	5	E	鼻子	西班牙

（续上表）

菌株	ST	rpoB	6pgd	meh	infB	frdB	g3pd	atpD	Burst	UP-GMA	器官	国家
CD10-1	47	9	17	8	16	12	3	6	5	E	鼻子	西班牙
2784	38	7	27	8	31	9	1	1	9	E	肺	德国
4959	37	7	27	8	22	9	1	1	9	E	未知	德国
7710	35	7	24	8	15	1	1	1	10	E	肺	德国
2757	36	7	24	8	20	1	4	1	10	E	肺	德国
03/05	5	1	20	7	8	11	1	6	单独	E	肺	西班牙
59g	40	7	30	8	25	1	9	6	单独	E	未知	西班牙
C5[NV]	2	1	7	7	8	7	3	6	单独	E	未知	瑞典
CA36-1	41	7	39	22	14	29	11	6	单独	E	鼻子	西班牙
D74[NV]	4	1	11	8	8	12	1	6	单独	E	未知	瑞典
H465[NV]	33	7	8	8	10	9	4	1	单独	E	肺	德国
IQ1N-6	84	20	20	22	8	11	3	6	单独	E	鼻子	西班牙
IQ7N-8	84	20	20	22	8	11	3	6	单独	E	鼻子	西班牙
IQ8N-6	84	20	20	22	8	11	3	6	单独	E	鼻子	西班牙
264/99	20	4	8	21	10	20	8	13	3	F	全身	西班牙
GN-255	49	10	8	21	10	20	8	23	3	F	未知	西班牙
LH10N-2	21	4	8	21	10	20	8	23	3	F	鼻子	西班牙
PC4-6P	21	4	8	21	10	20	8	23	3	F	全身	西班牙
RU15-4P	51	10	8	23	10	33	8	23	3	F	全身	西班牙
CC6-7	27	4	28	4	17	32	2	21	11	F	鼻子	西班牙
ER-6P	28	4	28	4	13	32	2	21	11	F	鼻子	西班牙
2725	15	3	28	20	24	19	2	12	单独	F	全身	德国
4503	53	10	28	9	24	22	2	15	单独	F	未知	德国
7204123	54	10	28	4	26	1	2	17	单独	F	未知	丹麦
7204226	25	4	28	4	28	24	2	17	单独	F	未知	丹麦
7403746	26	4	28	4	30	9	2	12	单独	F	未知	丹麦
9904336	24	4	28	4	27	1	1	18	单独	F	未知	丹麦
9904809	29	4	32	4	26	25	1	18	单独	F	未知	丹麦
1A-84-22113[HV]	12	3	4	3	4	3	2	3	单独	F	全身	美国
228/04	52	10	23	17	13	1	2	11	单独	F	肺	西班牙
230/03	107	30	8	4	10	20	2	23	单独	F	气管	西班牙

附录1 菌株与对应的序列型（ST）、等位基因配置文件、克隆复合物（序号）、分离株所处的器官和国家

（续上表）

菌株	ST	rpoB	6pgd	meh	infB	frdB	g3pd	atpD	Burst	UP-GMA	器官	国家
34/03	48	10	3	11	10	13	2	8	单独	F	全身	阿根廷
373/03[a]	16	3	28	2	13	23	2	16	单独	F	全身	西班牙
5D-84-15995[MV]	8	3	3	2	3	1	1	2	单独	F	肺	美国
AZ1-5	11	3	3	2	35	18	1	4	单独	F	鼻子	西班牙
CA38-4	17	3	38	2	24	28	2	13	单独	F	鼻子	西班牙
GN-254	105	28	36	9	20	18	2	11	单独	F	未知	西班牙
GN-257	14	3	23	19	20	1	2	11	单独	F	未知	西班牙
H367	13	3	8	8	9	8	2	7	单独	F	未知	德国
长崎[HV]	19	4	4	4	5	4	2	4	单独	F	全身	日本
P015/96	9	3	3	18	18	1	6	4	单独	F	肺	阿根廷
P462/03	10	3	3	21	18	21	2	14	单独	F	肺	阿根廷
SL7-2	18	4	3	24	36	1	1	13	单独	F	鼻子	西班牙

注：a 表示源头菌株；NV 表示毒力参考株，MV 为中等毒力，HV 为高毒力。

附录 2　肠道细菌间重复序列 PCR（ERIC-PCR）方案

概要： 本程序通过基因分型显示细菌分离株的特征。应用该技术，对于新细菌不需要以前的遗传信息。本技术是基于许多细菌基因组的基因间 DNA 成分重复序列的存在而形成的。该成分首先在大肠杆菌中描述过，成为肠道细菌间重复一致序列（ERIC）（Versalovic 等，1991）。这些重复一致序列用于得到引物，这些引物到目前为止已经在很多细菌中应用。这些引物用于 PCR，通过这些重复成分扩增基因组片段，对每个菌株产生不同的图谱。可用琼脂糖电泳分离出不同的谱带，DNA 染色后在紫外光下观察。

ERIC-PCR 可以及时区分细菌菌株，它是地方流行病学研究的有效工具。另外，该技术在研究分离株间的远缘关系时受到限制，并且它的重复性较差，所获得的数据与其他技术的比较性也较差。

【操作步骤】

注意：用于本步骤的 DNA 须避免降解。

用分光光度计定量测定 DNA：

为了尽可能获得能重复和可比较的谱带，完成 ERIC-PCR 要用相同量的 DNA，即每个反应为 100ng。用 Eppendorf 生物比色计比色测定。DNA 储备液稀释 1/10，最终体积为 50μL。

用一次性石英 Eppendorf 比色杯，空白作对照。用 A260 光吸收测定 DNA 含量，DNA 纯度为 A260/A280 = 1.6 - 1.9。

建立相同浓度 DNA 样品：将样品适当稀释成 DNA 浓度为 10μg。

PCR 条件：

引物：ERIC1F：ATG TAA GCT CCT GGG GAT TCA AC

　　　ERIC2R：AAG TAA GTG ACT GGG GTG AGC G

反应和循环条件表

混合物	用量（μL）	时间	温度（℃）	循环
dH$_2$O	3.7	2min	95	1 ×
5 × Buffer	5	30s	94	
25mmol/L MgCl$_2$	3	1min	50	35 ×
5mmol/L dNTP	1.15	2min, 30s	72	
20μmol/L ERIC-F	1.5	20min	72	1 ×

（续上表）

混合物	用量（μL）	时间	温度（℃）	循环
20μmol/L ERIC-R	1.5	∞	4	
5U/μL Taq	0.15			
DNA（10ng/μL）	10			

电泳：制备 2% 的超纯琼脂糖凝胶，加入 10μL 的 PCR 扩增液。将梯度 DNA 分子量点样于凝胶的边上作为标准，用 1×TAE buffer，60V 电泳 3 小时，凝胶用 SybrGold 或 EB 染色。（注意：用 SybrGold 染色有更高的灵敏度，而用 EB 染色则有更好的重复性结果。）

SG 染色：用 SG 1×buffer 覆盖凝胶，轻柔摇动 30min。该溶液可使用 3 次并必须在 4℃ 避光保存。

EB 染色：用 0.5μg/mL EB MiliQ 水覆盖凝胶 20min，接着，如果需要，可用 MiliQ 水脱色 5min。

数据分析：电泳后的凝胶必须用数码摄影，数码图像要不压缩储存。图像采用指纹 Ⅱ 信息 3.0 软件（Bio-Rad）进行分析：

（1）打开数据库。

（2）打开要分析的 TIFF 文件：文件/打开实验文件。

（3）选择 ERIC 指纹类型，显示凝胶图谱窗口。

（4）调节凝胶大小以便分析条带。

（5）找到条带：条带/自动扫描行条带。用鼠标或 ⬦ 选择调节条带。

（6）调节条带的厚度并按 OK：编辑/设计/原始数据。

（7）进入第二步，点击工具箭头。

（8）减去背景，但开始的面积要进一步分析，必须给每个条带编辑/设定和调节厚度。

（9）光谱分析：曲线/光谱分析。% 注释：开关设为 XX%，背景减少 YY%。

（10）命令 Edit/Settings，指定背景减少和最小平方过滤。

（11）进入下一步，点击▶，正常图谱。

（12）激活标准条带：参考/用参考条带。

（13）选择标准化/显示标准视图。

（14）进入下一步，点击▶，测定谱带。

（15）选择带/自动扫描带。

（16）一旦被选定靠近凝胶可视窗的条带，用鼠标的左键选定的实验窗的每个条带就与数据库数据一致。点击鼠标右键创建一个新的数据库进入。

（17）为了完成任何一个样品分析，必须用鼠标左键和 Ctrl 激活选定每个进入，选择比较/创建新比较。

（18）通常，采用 UPGMA 软件聚类分析，用配对 Pearson 矩阵相关性构建树状图：首先确定带的最优化和偏差指数——聚类/偏差和最优化分析；接下来，完成聚类分析——聚类/执行聚类分析；激活树状分析/Pearson 一致性和运算法则/UPGMA。

附录3 用 *hsp*60 探针进行单位点序列分型（SLST）

概要： SLST 根据 DNA 序列，通常是从编码区来区分菌株。该序列要履行几个标准：①它必须是可变的，但被保存的编码区边缘能用于引物设计；②该序列必须存在于所有菌株，且所有分离株可分型；③序列不能水平遗传（Olive 和 Bean，1999）。当面对还不清楚单基因位点是否可以表达整个基因组时，这些技术通常受到限制。然而，最近已经证明，许多细菌有很高比例的同源重组（Spratt 等，2001）。为 SLST 选择遗传标准时，必须计算种间每个基因的内在可变性，每种方案要适合各个菌种。

分类单位	遗传标记		
属	rRNA 操纵子		
种	16S 和 23Sr – RNA 基因	持家基因	
菌株		基因间隔区 rRNA 操纵子（IRS）	特异性基因

通常使用持家基因是因为，人们认为它们很少受同源重组的影响。SLST 可以扩增和测序一个大约 600bp 的片段。由于每个引物可获得单一序列反应，因此可处理大量样品。所获数据分析，可将每个不同序列作为一个等位基因或用种系统发生学分析比较。

为了用 *hsp*60 发展 SLST 方案，我们采用已经发表的全球引物扩增葡萄球菌序列。利用几种副猪嗜血杆菌后，我们修改了引物，增强了 PCR 质量，减少了变性。

【操作步骤】

注意：在操作过程中，游离 DNA 材料要避免降解。

PCR 条件：用两对引物执行本规程。第一对引物是为副猪嗜血杆菌设计的，第二对引物有更多通用性并可用于其他菌株扩增这个基因。

副猪嗜血杆菌：

*hsp*60HpF：5'TCG AAT TRG AAG ATA AAT TCG 3'

*hsp*60UnR：5'TCC ATI CCR ATR TCT TC 3'

通用的：

*hsp*60UnF：5'GAI III GCI GGI GAY GGI ACI ACI AC 3'

*hsp*60UnR：5' YKI YKI TCI CCR AAI CCI GGI GCY TT 3'

122

反应和循环条件表

混合物	用量（μL）	时间	温度（℃）	循环
dH$_2$O	23.7	5min	94	1×
5×Buffer	10	1min	94	
25mmol/L MgCl$_2$	4	2min	50	35×
5mmol/L dNTP	2	2min	72	
10μmol/L Primer－F	2.5	10min	72	1×
10μmol/L Primer－R	2.5	∞	4	
5U/μL Taq	0.3			
DNA（10ng/μL）	5			

电泳：在有检测扩增特异性的 0.5μg/mL EB 的 2% 超纯琼脂糖凝胶中点样 PCR 反应物 5μL。用 1x TAE buffer，100V 电泳 30min。如果测出非特异性带，应该用更严格的条件（48℃ 退火温度）重做 PCR 反应，或用 MiniElute 凝胶抽提试剂盒，按制造商说明纯化特异带。

采用 NucleoFast 96 PCR Clean－Up 试剂盒纯化扩增子，按下列步骤操作：

（1）将 PCR 样品转移到 NucleoFast 平板膜（20～300μL）上。

（2）在真空条件下过滤，去除杂物。

（3）在 －500mbar^2 真空条件下过滤 15min。

（4）在真空下等 30s。

（5）用 100μL 高压无离子无菌水洗膜。

（6）在 －500mbar^2 真空条件下过滤 15min。

（7）用 25μL 高压灭菌 MiliQ 水覆盖 PCR 样品。

（8）在室温保温 5min。

（9）30 转/分振荡 5min。

（10）在回收前用微量移液管轻轻混合 5～10 次，用 25～100μL 高压灭菌的无离子水回收纯化样品。

测序反应：纯化后，扩增子用同样 PCR 引物测序。测序试剂盒用 BigDye 末端循环测序试剂盒 3.1（Applied Biosystems）。

混合物	循环条件		
MiliQ 5.18μL	96℃	1min	
Buffer 2μL	96℃	10s	25 cycle
BigDye 0.1μL	50℃	5s	
Primer 0.32μL	60℃	4min	
PCR 纯化物 2μL	4℃	∞	

沉淀测序反应物（96 孔方案）：

（1）使样品旋转。

（2）加入 5μL 125mmol/L EDTA。

（3）加 60μL 100% 无水乙醇。

（4）用微量移液枪混合 3～4 次。

（5）室温放置 15min。

（6）3 000g 离心 30min。

（7）将平板倒置在滤纸上以 185g 旋转。

（8）加入 60μL 70% 乙醇。

（9）1 650g 离心 5min。

（10）倒置平板在滤纸上并以 185g 旋转。

（11）干燥 1 小时。

用 10μL 甲酰胺重新悬浮样品，将平板放入毛细管测序仪（3730 DAN 分析仪）测序。

数据分析：用序列分析软件分析层析结果。分析之后，用指纹 II 专家 3.0 软件（Bio-Rad）进行编辑。一旦序列编辑完成，用 MEGA 3.1 或 DAMBE 完成系统进化分析。

附录 4 16S rRNA 基因测序

概要: 16S rRNA 基因广泛用于细菌的种的鉴定,序列鉴定水平还需要指定两个相同品种的不同序列保持对照。对于参考值来说,99%~99.5%的序列可以用于对种进行鉴定,一般公认与其他细菌序列相同性<97%,分离株就属于不同类型。可以用核糖体数据库 Project Ⅱ 的序列比对或用 MCBI 核苷酸数据库的同源分析完成序列数据研究。

如前所说,将 16S rRNA 基因用于在种水平上区分细菌,但在同种菌株之间的适用性则受到限制。令人高兴的是,副猪嗜血杆菌不存在这种情况,在地方和全球流行病学中,这些序列可用于这种微生物分离株的分型。

此外,16S rRNA 基因很少受到重组的影响,可非常强烈地支持系统发生的重构。可以将每个不同的序列作为一个等位基因或用全序列比较分析的数据。

为了建立 16S rRNA 基因序列方案,我们用通用引物报道了在所有真/细菌中 16S rRNA 基因的扩增,或者设计特异性引物扩增副猪嗜血杆菌和放线杆菌属的相关种,主要是吲哚放线杆菌、小放线杆菌和鹿放线杆菌的基因。用两套引物扩增 16S rRNA 基因的一个 1 400bp 片段。之后,将 PCR 产物纯化,用副猪嗜血杆菌引物和四个内部引物测序。

【操作步骤】

注意:用于实验的游离 DNA 要避免分解。

PCR 条件:用两对引物来完成本操作步骤,第一对引物是专门对副猪嗜血杆菌进行设计,第二对是通用引物并可用于所有真/细菌扩增该基因。

副猪嗜血杆菌引物:

16S-上游:5'AGA GTT TGA TCA TGG CTC AGA 3'

16S-下游:5'AGT CAT GAA TCA TAC CGT GGT A 3'

通用引物:

RLP:5'GGT TAC CTT GTT ACG ACT T 3'

FLP:5'AGT TTG ATC CTG GCT CAG 3'

反应和循环条件表

混合物	用量(μL)	时间	温度(℃)	循环
dH$_2$O	23.7	5min	94	1×
5×Buffer	10	1min	94	
25mmol/L MgCl$_2$	4	2min	50	35×
5mmol/L dNTP	2	2min	72	

（续上表）

混合物	用量（μL）	时间	温度（℃）	循环
10μmol/L Primer – F	2.5	10min	72	1×
10μmol/L Primer – R	2.5	∞	4	
5U/μL Taq	0.3			
DNA（10ng/μL）	5			

电泳：在含有 0.5μg/mL EB 的 2% 超纯琼脂糖凝胶中加入 5μL PCR 反应物，检验扩增的特异性。用 1×TAE buffer，100V 电泳 30min。如果测出非特异性带，应该用更严格的条件（48℃退火）重复 PCR 反应，或用 MiniElute 凝胶抽提试剂盒，按说明书纯化特异条带。

采用 NucleoFast 96 PCR Clean – Up 试剂盒纯化扩增子，按下列步骤操作：

（1）将 PCR 样品转移到 NucleoFast 平板膜（20~300μL）上。

（2）在真空条件下过滤，去除杂物。

（3）在 –500mbar^2 真空条件下过滤 15min。

（4）在真空下等 30s。

（5）用 100μL 高压无离子无菌水洗膜。

（6）在 –500mbar^2 真空条件下过滤 30min。

（7）用 25μL 高压灭菌 MiliQ 水覆盖 PCR 样品。

（8）在室温保温 5min。

（9）30 转/分振荡 5min。

（10）在回收前用微量移液管轻轻混合 5~10 次，用 25~100μL 高压灭菌的无离子水回收纯化样品。

样品可用 GFX™ PCR DNA 个别处理，也可用 Gel Band Puritication 试剂盒处理。

（1）将 500μL 提取缓冲液加入柱内。

（2）加入 PCR 产物并用微量移液管混合 3~4 次。

（3）以最大速度旋转 30s。

（4）丢弃收集器中的流入液。

（5）在柱内加入 500μL 洗涤缓冲液。

（6）以最大速度旋转 30s。

（7）丢弃收集管，把柱放入离心管内。

（8）加入 10μL 高压灭菌的无离子水（体积范围 10~15μL）。

（9）室温保温 1min。

（10）以最大速度旋转 1min。

测序反应：纯化后，扩增子用副猪嗜血杆菌特异引物和其他内部引物（16S1~16S4）测序。使用 BigDye 末端循环测序试剂盒 3.1 测序。

引物：

16S – 上游：5'AGA GTT TGA TCA TGG CTC AGA 3'

16S - 下游：5'AGA CAT GAA TCA TAC CGT GGT A 3'

16S - 1：5'TTG ACG TTA GTC ACA GAA G 3'

16S - 2：5'TTC GGT ATT CCT CCA CAT C 3'

16S - 3：5'TAA CGT GAT AAA TCG ACC G 3'

16S - 4：5'TTC ACA ACA CGA GCT GAC 3'

混合物	循环条件		
MiliQ 5. 18μL	96℃	1min	
Buffer 2μL	96℃	10s	25 cycle
BigDye 0. 1μL	50℃	5s	
Primer 0. 32μL	60℃	4min	
PCR 纯化物 2μL	4℃	∞	

沉淀测序反应物（96 孔方案）：

（1）使样品旋转。

（2）加入 5μL 125mmol/L EDTA。

（3）加 60μL 100% 无水乙醇。

（4）用微量移液枪混合 3～4 次。

（5）室温放置 15min。

（6）3 000g 离心 30min。

（7）将平板倒置在滤纸上以 185g 旋转。

（8）加入 60μL 70% 乙醇。

（9）1 650g 离心 5min。

（10）倒置平板在滤纸上并以 185g 旋转。

（11）干燥 1 小时。

用 10μL 甲酰胺重新悬浮样品，将平板放入毛细管测序仪（3730 DAN 分析仪）测序。

数据分析：用序列分析软件分析层析结果。分析之后，用指纹 Ⅱ 专家 3.0 软件（Bio-Rad）进行编辑。一旦序列编辑完成，用 MEGA 3.1 或 DAMBE 完成系统进化分析。

附录 5 副猪嗜血杆菌多基因位点序列分型方案

概要：自从 1998 年首次报道，MLST 已经广泛应用于动物和人病原菌（主要在细菌但也用在真菌和病毒）研究。MLST 在 MLEE 方案上有创新，但 DNA 序列凝胶图谱缺乏可携带性。

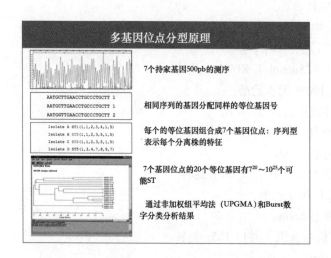

MLST 含有均匀分布在基因组中的 6~8 个持家基因的部分序列。选择持家基因是因为它们是细胞必不可少的基因，而且在中度条件下能被强烈地纯化选择。结果，大多数序列被同义碱基对置换而发生了改变。由于这种改变是中性的，它以时间线性方式积累，等位基因间的遗传距离趋向与发散时间成正比。选择几个基因以便跟踪病原克隆有足够变化；整个基因组有代表样品以便评价重组的影响。该技术可以通过增加基因数量或改变更多可变基因来提高分辨力。用于对应的引物对扩增的 400~600bp 片段，通常为镶嵌序列而增加特异性。两个等位基因间的序列变化正常范围为 0.1%~5%。之后对每个位点的每个不同序列的等位基因数量进行标记。它的等位基因图谱就是分离株的特征并对特殊等位基因指定一个数。下一步是用数量分类学分析等位基因图谱。广泛地采用两种聚类算法，首先用非加权组平均法（UPGMA）分析。其次，根据上游相关序列分型（Burst）分析。邻连（NJ）法是系统进化学的首选方法，因为它捕捉报道零长度分支，也用 ST 错配距离矩阵，最近用 MLST 专一软件包来执行分析。也可串联序列并在多位点序列分析中用系统发生工具进行分析。

使用核苷酸序列可使 MLST 成为有高度重复性方法，且不同实验室的数据可根据全球数据库进行直接比较。自动化和测序开支的减少使得它对分子流行病具有更大的吸引力。

MLST 比其他技术有更高的分辨率，它在系统发生技术中应用并解决了不同菌株的起源和进化问题。由于在一些细菌群中重组影响（与守时突变一致）很高，因此它不可能以每个核苷酸的变化回答单个进化事件。如果在 10 个核苷酸中有两个序列不同，它也不能说明是否引起 10 个守时突变或一个同源重组。由此原因提出了数量分类，等位基因替代序列可给出的点突变和同源重组有同样的权重。

【操作步骤】

PCR 反应：本技术扩增副猪嗜血杆菌的 7 个基因序列，为此采用 96 孔平板来完成，引物序列总结于下表。

副猪嗜血杆菌 MLST 的基因、引物序列和扩增子大小表

基因	引物序列	扩增子大小（bp）
atpD	atpDF CAAGATGCAGTACCAAAAGTTTA atpDR ACGACCTTCATCACGGAAT	582
infB	infBF CCTGACTAYATTCGTAAAGC infBR ACGACCTTTATCGAGGTAAG	501
mdh	mdh‑up TCATTGTATGATATTGCCCC mdh‑dn ACTTCTGTACCTGCATTTG	537
rpoB	rpoBF TCACAACTTTCICAATTTATG rpoBR ACAGAAACCACTTGTTGCG	470
6pgd	6pgdF TTATTACCGCACTTAGAAG 6pgdR CGTTGATCTTTGAATGAAGA	599
g3pd	g3pdF GGTCAAGACATCGTTTCTAAC g3pdR TCTAATACTTTGTTTGAGTAACC	564
frdB	frdBF CATATCGTTGGTCTTGCCGT frdBR TTGGCACTTTCGATCTTACCTT	553

反应和循环条件表

混合物	用量（μL）				时间	温度（℃）	循环
	frdB *g3pg* *atpD*	*rpoB* *6pgd*	*mdh*	*infB*			
dH₂O	25.7	22.7	19.7	23.7	5min	94	1×
5×Buffer	10	10	10	10	1min	94	
25mmol/L MgCl₂	3	6	9	4	2min	50	35×
5mmol/L dNTP	2	2	2	2	2min	72	

（续上表）

混合物	用量（μL）				时间	温度（℃）	循环
	frdB g3pg atpD	rpoB 6pgd	mdh	infB			
10μmol/L Primer – F	2	2	2	2.5	10min	72	1 ×
10μmol/L Primer – R	2	2	2	2.5	∞	4	
5U/μL Taq	0.3	0.3	0.3	0.3			
DNA（10ng/μL）	5	5	5	5			

电泳：在有检测扩增特异性的 0.5μg/mL EB 的 2% 超纯琼脂糖凝胶中加入 PCR 反应物 5μL。用 1×TAE buffer，100V 电泳 30min。如果测出非特异性带，应该用更严格的条件（48℃ 退火温度）重做 PCR 反应，或用 MiniElute 凝胶抽提试剂盒，按制造商说明纯化特异带。

采用 NucleoFast 96 PCR Clean – Up 试剂盒纯化扩增子，按下列操作进行：

（1）将 PCR 样品转移到 NucleoFast 平板膜（20～300μL）上。

（2）在真空条件下过滤，去除杂物。

（3）在 –500mbar^2 真空条件下过滤 15min。

（4）在真空下等 30s。

（5）用 100μL 高压无离子无菌水洗膜。

（6）在 –500mbar^2 真空条件下过滤 15min。

（7）用 25μL 高压灭菌 MiliQ 水覆盖 PCR 样品。

（8）在室温保温 5min。

（9）30 转/分振荡 5min。

（10）在回收前用微量移液管轻轻混合 5～10 次，用 25～100μL 高压灭菌的无离子水回收纯化样品。

测序反应：纯化后，扩增子用同样 PCR 引物测序。测序试剂盒用 BigDye 末端循环测序试剂盒 3.1。

混合物	循环条件		
MiliQ 5.18μL	96℃	1min	
Buffer 2μL	96℃	10s	25 cycle
BigDye 0.1μL	50℃	5s	
Primer 0.32μL	60℃	4min	
PCR 纯化物 2μL	4℃	∞	

沉淀测序反应物（96 孔方案）：

（1）使样品旋转。

（2）加入 5μL 125mmol/L EDTA。

（3）加 60μL 100% 无水乙醇。

（4）用微量移液枪混合 3~4 次。

（5）室温放置 15min。

（6）3 000g 离心 30min。

（7）将平板倒置在滤纸上以 185g 旋转。

（8）加入 60μL 70% 乙醇。

（9）1 650g 离心 5min。

（10）倒置平板在滤纸上并以 185g 旋转。

（11）干燥 1 小时。

用 10μL 甲酰胺重新悬浮样品，将平板放入毛细管测序仪（3730 DAN 分析仪）测序。

数据分析：用序列分析软件分析层析结果。分析之后，用指纹 Ⅱ 专家 3.0 软件（Bio-Rad）进行编辑。一旦序列编辑完成，用 MEGA 3.1 或 DAMBE 完成系统进化分析。

附录 6

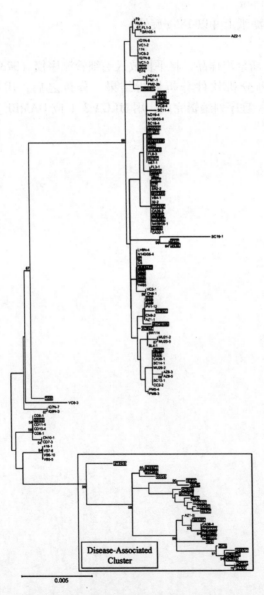

第七章补充图 16S rRNA 基因邻连树（10 000 自举值），采用第七章分离株，除了 LH10N－2、NU5－3、SL7－2、IQ8N－6 和 ND19－2 外。黑色方块内为临床分离株，大方框内为与疫病相关的聚类

参考文献

［1］ Aarestrup F. M. , Seyfarth A. M. , Angen O. (2004) . Antimicrobial susceptibility of Haemophilus parasuis and Histophilus somni from pigs and cattle in Denmark. *Veterinary Microbiology*, 101, pp. 143 – 146.

［2］ Amano H. , Shibata M. , Kajio N. , Morozumi T. (1994) . Pathologic observations of pigs intranasally inoculated with serovar 1, 4 and 5 of Haemophilus parasuis using immunoperoxidase method. *Journal of Veterinary Medical Science*, 56, pp. 639 – 644.

［3］ Amano H. , Shibata M. , Takahashi K. , Sasaki Y. (1997) . Effects on endotoxin pathogenicity in pigs with acute septicemia of Haemophilus parasuis infection. *Journal of Veterinary Medical Science*, 59, pp. 451 – 455.

［4］ Angen O. , Svensmark B. , Mittal K. R. (2004) . Serological characterization of Danish Haemophilus parasuis isolates. *Veterinary Microbiology*, 103, pp. 255 – 258.

［5］ Bak H. , Riising H. J. (2002) . Protection of vaccinated pigs against experimental infections with homologous and heterologous Haemophilus parasuis. *Veterinary Research*, 151, pp. 502 – 505.

［6］ Bakos K. , Nilsson A. , Thal E. (1952) . Untersuchungen über Haemophilus suis. *Nordic Veterinary Medicine*, 4, pp. 241 – 255.

［7］ Baumann G. , Bilkei G. (2002) . Effect og vaccinating sows and their piglets on the development of Glässer's disease induced by a virulent strain of Haemophilus parasuis. *Veterinary Research*, 151, pp. 18 – 21.

［8］ Biberstein E. L. (1990) . Our understanding of the Pasteurellaceae. *Canadian Journal of Veterinary Research*, 54, pp. 78 – 82.

［9］ Biberstein E. L. , White D. C. (1969) . A proposal for the establishment of two new Haemophilus species. *Journal of Medical Microbiology*, 2, pp. 75 – 77.

［10］ Blackall P. J. , McKechnie K. , Sharp T. (1994) . Isolation of Haemophilus taxon D from pigs in Australia. *Australian Veterinary Journal*, 71, pp. 262 – 263.

［11］ Blackall P. J. , Rapp-Gabrielson V. J. , Hampson D. J. (1996) . Serological characterization of Haemophilus parasuis isolates from Australian pigs. *Australian Veterinary Journal*, 73, pp. 93 – 95.

［12］ Blackall P. J. , Trott D. J. , Rapp-Gabrielson V. J. , Hampson D. J. (1997) . Analysis of Haemophilus parasuis by multiloccus enzyme electrophoresis. *Vet Microbiol*, 56, pp. 125 – 134.

[13] Brockmeier S. L. (2004) . Prior infection with Bordetella bronchiseptica increases nasal colonization by Haemophilus parasuis in swine. *Veterinary Microbiology*, 99, pp. 75 – 78.

[14] Cai X. , Chen H. , Blackall P. J. , Yin Z. , Wang L. , Liu Z. , Jin M. (2005) . Serological characterization of Haemophilus parasuis isolates from China. *Veterinary Microbiology*, 111, pp. 231 – 236.

[15] Calsamiglia M. , Pijoan C. , Solano G. , Rapp-Gabrielson V. J. (1999) . Development of an oligonucleotide-specific capture plate hybridization assay for detection Haemophilus parasuis. *J Vet Diagn Invest*, 11, pp. 140 – 145.

[16] Corfield T. (1990) . Bacterial salidases – roles in pathogenicity and nutrition. *Glycobiology*, 2, pp. 509 – 521.

[17] Del Rio M. L. , Gutierrez C. B. , Rodrigues Ferri E. F. (2003) . Value of indirect hemagglutination and coagglutination tests for Serotyping Haemophilus parasuis. *Journal of Clinical Microbiology*, 41, pp. 880 – 882.

[18] Glässer K. (1910) . Die fibrinöse Serosen-und Gelenkentzündung der Ferkel. In *Die Krankheiten des Schweines*. M. & H. Schaper, Hannover, pp. 122 – 125.

[19] Hill C. E. , Metcalf D. S. , MacInnes J. I. (2003) . A search for virulence genes of Haemophilus parasuis using differential display RT-PCR. *Veterinary Microbiology*, 96, pp. 189 – 202.

[20] Hoefling D. C. (1994) . The various forms of Haemophilus parasuis. *Journal of Swine Health Production*, 2, p. 1.

[21] Kielstein P. , Rapp-Gabrielson V. J. (1992) . Designation of 15 serovars of Haemophilus parasuis based immunodifusion using heatstable antigen extracts. *Journal of Clinical Microbiology*, 30, pp. 862 – 865.

[22] Kielstein P. , Rosner H. , Muller W. (1991) . Typing of heat stable soluble Haemophilus parasuis antigen by means of agargel precipitace and the dotblot procedure. *Journal of Veterinary Medicine Series B—Infectious Diseases and Veterinary Public Health*, 38, pp. 315 – 320.

[23] Kielstein P. , Wuthe H. -H. , Angen. , Mutters R. , Ahrens P. (2001) . Phenotypic and genetic characterization of NAD-dependent Pasteurellaceae from the respiratory tract of pigs and their possible pathogenetic importance. *Veterinary Microbiology*, 81, pp. 243 – 255.

[24] Kirkwood R. N. , Rawluk S. A. , Cegielski A. C. , Otto A. J. (2001) . Effect of pigage and auto genous sow vacci nation on nasal mucosal colonization of pigs by Haemophilus parasuis. *Journal of Swine Health and Production*, 9, pp. 77 – 79.

[25] Li J. X. , Jiang P. , Wand Y. , et. al. (2009) . Genotyping of Haemophilus parasuisfrom diseasedpigsin China and prevalence of two co-existing virus pathogens. *PreyVet Med*, 91 (1), pp. 274 – 279.

[26] Lewis P. A. , Shope R. E. (1931) . Swine influenza. II. Haemophilic bacillus from the respiratory tract of infected swine. *Journal of Experimental Medicine*, 54, pp. 361 – 371.

[27] Lichtensteiger C. A. , Vimr E. R. (1997) . Neuraminidase (salidase) activity of

Haemophilus parasuis. *FEMS Microbiology Letters*, 152, pp. 269 – 274.

[28] Little T. W. A. (1970). Haemophilus parasuis infection in pigs. *Veterinary Record*, 87, pp. 399 – 402.

[29] Little T. W. A. , Harding J. D. J. (1971). The comparative pathogenicity of two porcine Haemophilus species. *Veterinary Record*, 88, pp. 540 – 545.

[30] Miniats O. P. , Smart N. L. , Ewert E. (1991a). Vacination of gnobiotic primary specific pathogen-free pigs against Haemophilus parasuis. *Canadian Journal of Veterinary Research*, 55, pp. 33 – 36.

[31] Miniats O. P. , Smart N. L. , Rosendal S. (1991b). Cross-protection among Haemophilus parasuis strains in immunized gnobiotic pigs. *Canadian Journal of Veterinary Research*, 55, pp. 37 – 41.

[32] Mittal K. R. (2003). Antigenic identification of Haemophilus parasuis. In *Focus on Haemophilus parasuis*. Virbac, pp. 96 – 99.

[33] Moller K. , Kilian M. (1990). V-factor dependent members of the family Pasteurellaceae in the porcine upper respiratory tract. *Journal of Clinical Microbiology*, 28, pp. 2711 – 2716.

[34] Moller K. , Andersen L. V. , Christensen G. , Kilian M. (1993). Optimalization of the detection of NAD dependent Pasteurellaceae from respiratory tract of sloughterhouse pigs. *Veterinary Microbiology*, 36, pp. 261 – 271.

[35] Moller K. , Fussing V. , Grimont D. , Paster J. , Dewhirst E. , Kilian M. (1996). Actinobacillus minor sp. nov. , Actinobacillus porcinus sp. nov. and Actinobacillus indolicus sp. nov. , three new V-factor dependent species from respiratory tract of pigs. *International Journal of Systematic Bacteriology*, 46, pp. 951 – 956.

[36] Morikoshi T. , Kobayashi K. , Kamino T. , Owaki S. , Hayashi S. , Hirano S. (1990). Characterization of Haemophilus parasuis isolated in Japan. *Japanese Journal of Veterinary Science*, 52, pp. 667 – 669.

[37] Morozumi T. , Nicolet J. (1986a). Morphological variations of Haemophilus parasuis. *Journal of Clinical Microbiology*, 23, pp. 138 – 142.

[38] Morozumi T. , Nicolet J. (1986b). Some antigenic properties of Haemophilus parasuis and a proposal for serological classification. *Journal of Clinical Microbiology*, 23, pp. 1022 – 1023.

[39] Munch S. , Grund S. , Kruger M. (1992). Fimbriae and membranes of Haemophilus parasuis. *Journal of Veterinary Medicine Series B—Infectious Diseases and Veterinary Public Health*, 39, pp. 59 – 64.

[40] Nicolet J. (1992). Haemophilus parasuis. In *Diseases of Swine*. 7th ed. *Iowa State University*, pp. 526 – 528.

[41] Nicolet J. , Paroz P. H. , Krawinkler M. (1980). Polyacrilamide gel electroforesis of whole-cell proteins of porcine strains of Haemophilus. *International Journal of Systematic Bacteri-*

ology, 30, pp. 69 – 76.

［42］ Nielsen R. （1993）. Pathogenicity and immunity studies of Haemophilus parasuis serovars. *Acta Veterinaria Scandinavica*, 34, pp. 193 – 198.

［43］ Oliveira S. , Pijoan C. （2002）. Diagnosis of Haemophilus parasuis in affected herds and use of epidemiological data to control disease. *Journal of Swine Health and Production*, 10, pp. 221 – 225.

［44］ Oliveira S. , Pijoan C. （2004a）. Computer-based analysis of Haemophilus parasuis protein fingerprints. *Canadian Journal of Veterinary Research*, 68, pp. 161 – 167.

［45］ Oliveira S. , Pijoan C. （2004b）. Haemophilus parasuis: new trends on diagnosis, epidemiology and kontrol: Review. *Veterinary Microbiology*, 99, pp. 1 – 12.

［46］ Oliveira S. , Batista L. , Torremorell M. , Pijoan C. （2001a）. Experimental colonization of piglets and gilts with systemic strains of Haemophilus parasuis and Streptococcus suis to prevent disease. *Canadian Journal of Veterinary Research*, 65, pp. 161 – 167.

［47］ Oliveira S. , Galina L. , Pijoan C. （2001b）. Development of a PCR test to diagnose Haemophilus parasuis infections. *Journal of Veterinary Diagnostic Investigation*, 13, pp. 495 – 501.

［48］ Oliveira S. , Blackall P. J. , Pijoan C. （2003）. Characterization of the diversity of Haemophilus parasuis field isolates by serotyping and genotyping. *American Journal of Veterinary Research*, 64, pp. 435 – 442.

［49］ Olivera A. , Cerda-Cuellar M. , Arogon V. , et al. （2006）. Study of the population structure of Haemophilus paresis by multilocus sequence typing. *Microbiology*, 152, 2683 – 3690.

［50］ Peet R. L. , Fry J. , Lloyd J. , Henderson J. , Curran J. , Moir D. （1983）. Haemophilus parasuis septicemia in pigs. *Australian Veterinary Journal*, 60, p. 187.

［51］ Pijoan C. , Morrison R. B. , Hilley H. D. （1983）. Dilution technique for isolation of Haemophilus from swine lungs collected at slaughter. *Journal of Clinical Microbiology*, 18, pp. 143 – 145.

［52］ Pijoan C. , Toremorell M. , Solano G. （1997）. Colonization patterns by the bacterial flora of young pigs. *Proceeding of the American Association of Swine Practitioners*, pp. 463 – 464.

［53］ Raetz C. R. , Whitfield C. （2002）. Lipopolysaccharideendotoxins. *Annual Review of Biochemistry*, 71, pp. 635 – 700.

［54］ Rafiee M. , Blackall P. J. （2000）. Establishment, validation and use of the Kielstein-Rapp-Gabrielson serotyping scheme for Haemophilus parasuis. *Australian Veterinary Journal*, 78, pp. 846 – 849.

［55］ Rafiee M. , Bara M. , Stephens C. P. , Blackall P. J. （2000）. Application of ERIC-PCR for the comparison of isolates of Haemophilus parasuis. *Australian Veterinary Journal*, 78, pp. 846 – 849.

［56］ Rapp-Gabrielson V. J. （1999）. Haemophilus parasuis. In *Diseases of Swine*. 8th ed. Iowa State University, pp. 475 – 482.

［57］Rapp-Gabrielson V. J. , Gabrielson D. A. (1992). Prevalence of Haemophilus parasuis serovars among isolates from swine. *American Journal of Veterinary Research*, 53, pp. 951 – 956.

［58］Rapp-Gabrielson V. J. , Kucur G. J. , Clark J. T. , Stephen K. M. (1997). Haemophilus parasuis: immunity in swine after vaccination. *Veterinary Medicine*, 92, pp. 83 – 90.

［59］Redondo V. A. P. , Mendez J. N. , Blanco N. G. , Boronat N. L. , Martin C. B. G. , Ferri E. F. R. (2003). Typing of Haemophilus parasuis strains by PCR-RFLP analysis of the *tbp A* gene. *Veterinary Microbiology*, 92, pp. 253 – 262.

［60］Riising H. J. (1981). Prevention of Glässer's disease through immunity to Haemophilus parasuis. *Journal of Veterinary Medicine Series B—Infectious Diseases and Veterinary Public Health*, 28, pp. 630 – 638.

［61］Rubies X. , Kielstein P. , Costs L. I. , Riera P. , Artigas C. , Espuna E. (1999). Prevalence of Haemophilus parasuis serovars isolated in Spain from 1993 to 1997. *Veterinary Microbiology*, 66, pp. 245 – 248.

［62］Ruiz A. , Oliveira S. , Torremorell M. , Pijoan C. (2001). Outher membrane profilesinstrains of Haemophilus parasuis recovered from systemic and respiratory sites. *Journal of Clinical Microbiology*, 39, pp. 1757 – 1762.

［63］Schaller A. , Kuhnert P. , De la Puente-Redondo V. A. , Nicolet J. , Frey J. (2000). Apx toxins in Pasteurellaceae species from animals. *Veterinary Microbiology*, 74, pp. 365 – 376.

［64］Segales J. , Domingo M. , Solano G. I. , Pijoan C. (1997). Immunohistochemical detection of Haemophilus parasuis serovat 5 in formalin-fixed, paraffin-embedded tissues of experimentally infected swine. *Journal of Veterinary Diagnostic Investigation*, 9, pp. 237 – 243.

［65］Smart N. L. , Miniats O. P. , McInnes J. I. (1988). Analysis of Haemophilus parasuis isolates from southern Ontario swine by restriction endonuclease fingerprinting. *Canadian Journal of Veterinary Research*, 52, pp. 319 – 324.

［66］Smart N. L. , Hurnik D. , MacInnes J. I. (1993). An investigation of enzootic Glässer's disease in a specificpathogen-free grower-finisher facility using endonuclease analysis. *Canadian Veterinary Journal*, 34, pp. 487 – 490.

［67］Solano-Aguilar G. I. , Pijoan C. , Rapp-Gabrielson V. J. , Collins J. , Carvalho L. F. , Winkelman N. (1999). Protective role of maternal antibodies against Haemophilus parasuis infection. *American Journal of Veterinary Research*, 60, pp. 81 – 87.

［68］Tadjine M. , Mittal K. R. , Bourdon S. , Gottschalk M. (2004). Development of new serological test for serotyping Haemophilus parasuis isolates and determination of their prevalence in North America. *Journal of Clinical Microbiology*, 42, pp. 839 – 840.

［69］Takahashi K. , Nagai S. , Yagihashi T. , Ikehata T. , Nakano Y. , Senna K. , Maruyama T. , Murofushi J. (2001). A cross-protection experiment in pigs vaccinated with Haemophilus parasuis serovars 2 and 5 bacterin, and evaluation of bivalent vaccine under laboratory and field conditions. *Journal of Veterinary Medical Science*, 63, pp. 487 – 491.

［70］Turni C. , Blackall P. J. (2005) . Comparison of the indirect haemagglutination and gel diffusion test for serotyping Haemophilus parasuis. *Veterinary Microbiology*, 106, pp. 145 – 151.

［71］Vahle J. L. , Haynes J. S. , Andrews J. J. (1995) . Experimental reproduction of Haemophilus parasuis infection in swine: clinical, bacteriological, and morphologic findings. *Journal of Veterinary Diagnostic Investigation*, 7, pp. 476 – 480.

［72］Vahle J. L. , Haynes J. S. , Andrews J. J. (1997) . Interaction of Haemophilus parasuis with nasal and tracheal ucosa following intranasal inoculation of cesarean-derived colostrum deprived (CDCD) swine. *Canadian Journal of Veterinary Research*, 61, pp. 200 – 206.

［73］Versalovic J. , Koeuth T. , Lupski J. R. (1991) . Distribution of repetitive DNA sequences in eubacteria and application to fingerprinting of bacterial genomes. *Nucleic Acids Research*, 19, pp. 6823 – 6831.

［74］Versalovic J. , Schneider M. , De Bruijn F. J. , Lupski J. R. (1994) . Genomic fingerprinting of bacteria using repetitive sequence based PCR (rep-PCR) . *Methods in Molecular and Cellular Biology*, 5, pp. 25 – 40.

［75］Wissing A. , Nicolet J. , Berlin P. (2001) . Antimicrobial resistance situation in Swiss veterinary medicine. *Schweizer Archiv fur Tierheilkunde*, 143, pp. 503 – 510.

［76］Woods C. R. , Versalovic J. , Koeuth T. , Lupski J. R. (1993) . Whole-cell repetitive element sequence-based polymerase chain reaction allows rapid assessment of clonal relationships of bacterial isolates. *Journal of Clinical Microbiology*, 31, pp. 1927 – 1931.

［77］Von Altrock A. (1998) . Occurence of bacterial agents in lungs of pigs and evaluation of their resistance to antibiotics. *Berliner und Munchener Tierarztliche Wochenschrift*, 111, pp. 164 – 172.

［78］Zucker B. A. , Baghian A. , Traux R. , O'Reilly K. L. , Storz J. (1996) . Detection of strain-specific antigenic epitopes on the lipooligosaccharide of Haemophilus parasuis by use of monoclonal and polyclonal antibodies. *American Journal of Veterinary Research*, 57, pp. 63 – 67.

［79］Oliveira S. R. , Ruiz A. , Pijoan C. (2000) . Phenotypic and genotypic characterization of Haemophilu para ui i olates involved in a multi-farm outbreak. Proc. 16th *IPVS*, Melbourne, p. 530.

［80］Miniats O. P. , Smart N. L. , Ewert E. (1991) . Vaccination of gnotobiotic primary specific pathogen-free pig against Haemophilus parasuis. *Can J Vet Res*, 55, pp. 33 – 36.

［81］Kielstein P. , Ra sbach A. (1991) . Serological typing and identification of immunogen cros reaction of Haemophilu para ui (Glas er' di ea e) . Mh. *Vet-Med*, 46, pp. 586 – 589.

［82］Oliveira S. R. , Pijoan C. (2001) . Haemophilu parasui : Diagno tic improvement by a molecular-ba ed technique and field application . Proc. *American A ociation of Swine Veterinarian*, Nashville, p. 472

［83］Munch. S. , Grund S. , Kruger M. (1992) . Fimbriae and mem-branes on Haemophilu para ui . *J Vet Med*, B, 39: pp. 59 – 64.

［84］Lnzana T. J. , Workman T. , Gogolew ki R. P. , Anderson P. (1988) . Virulence propertie and protective efficacy of the capsular polymer of Haemophilu（Actinobacillu）pleuro-pneumoniae serotype 5. *lnfect lmmun*. 56（8），pp. 1880 – 1889.

［85］Rapp-Gabrielson V. J.，Gabriel D. A.，Schamber G. J.（1992）. Comparative virulence of Haemophilu parasuis erovar 1 to 7 in guinea pig. *Am J Vet Res*，53，pp. 987 – 993.

［86］朱必凤，杨旭夫，刘主等. 6 株副猪嗜血杆菌基因组 DNA 的 PCR 指纹图谱研究. 中国预防兽医学报，2007，29（3）：177～184.

［87］Kielstein P.，Rapp-Gabrielson V. J.（1992）. Designation of 15 serovars of Haemophilus parasuis based immunodifusion using heatstable antigen extracts. *Journal of Clinical Microbiology*，30，pp. 862 – 865.

［88］蔡旭旺，刘正飞，陈焕春等. 副猪嗜血杆菌的分离培养和血清型鉴定. 华中农业大学学报，2005，24（1）：55～58.

［89］薛晓晶，徐福洲，史爱华. 副猪嗜血杆菌 *aroA* 基因鉴定及遗传进化分析. 微生物学报，2008，48（8）：1100～1103.

［90］冼琼珍，黄耿森，顾万军. 副猪嗜血杆菌部分 16S rRNA 基因的克隆及序列分析. 黑龙江畜牧兽医，2007（2）：72～73.

［91］王金合，王居强，陈益等. 副猪嗜血杆菌病病原的分离鉴定与药敏试验. 河南农业科学，2006（10）：104～106.

［92］冷和平，温育铭，罗瑞国. 副猪嗜血杆菌病的诊断与防治. 中国猪业，2007（3）：38～40.

［93］鱼艳荣，刘希成. 革兰氏阴性菌外膜蛋白研究进展. 动物医学进展，2000，21（2）：35～39.

［94］Carlone G. M.，Thomas M. L.，Rumschlag H. S.，Sottnek F. O.（1986）. Rapid Microprocedure for isolating detergent-insoluble outer membrane proteins from Haemophilus species. *Clin. Microbiol*，24，pp. 330 – 332.

［95］Rosner H.，Kielstein P.，Muller W.（1991）. Relationship between serotype, virulence and SDS-PAGE protein patterns of Haemophilus parasuis. *Dtsch Tierarztl Wochenschr*，98，pp. 327 – 330.

［96］Nedbalcova K.，Satran P.，Jaglic Z.，Ondriasova R.，Kucerova（2006）. Haemophilus parasuis and Glasser's in pigs：a review. *Veterinarni Medicina*，51（5），pp. 168 – 179.

［97］Ruiz A.，Oliveira S.，Torremorell M.（2001）. Outer membrane protein and DNA profiles in strains of Haemophilus parasuis recovered from systemic and respiratory sites. *Clin Microbiol*，39（5），pp. 1757 – 1762.

［98］Hartmann L.，Schröder W.，Lübke A.（1995）. Isolation of the major outer-membrane protein of Actinobacillus pleuropneumoniae and Haemophilus parasuis. *J Vet Med*，42，pp. 59 – 63.

［99］Olvera A.，Calsamiglia M，Aragon V.（2006）. Genotypic Diversity of Haemophilus Parasuis Field Strains. *Applied and Environmental Microbiology*，72，pp. 3984 – 3992.

［100］杨旭夫，彭凌，朱必凤. 副猪嗜血杆菌病的流行现状与防治对策. 兽医导报，

2010（1）：21～23.

［101］ De La Fuente A. J. , Rodriguez-Ferri E. F. , Frandoloso R. （2009）. Systemic antibody response in colostrum-deprived pigs experimentally infexted with Haemophilus parasuis. *Research in Veterinary Science*, 86, pp. 248 - 253.

［102］ Carlone G. M. , M. L. Thomas, H. S. Rumschlag, F. O. Sottnek. （1986）. Rapid Microprocedure for isolating detergent - insoluble outer membrane proteins from Haemophilus species. *Clin. Microbiol*, 24, pp. 330 - 332.

［103］ M. Tadjine, K. R. Mittal, S. Bourdon （2004）. Production and characterization of murine monoclonal antibodies against Haemophilus parasuis and study of their protective role in mice （b）. *Microbiology*, 150, pp. 3935 - 3945.

［104］ 卢圣栋. 现代分子生物学实验技术（第二版）. 北京：中国协和医科大学出版社，1999. 400～403.

［105］ Bolin C. A. Jeasen A. E. （1987）. Passive Immunization with antibodies against iron regulated outer membrane protein protects turkeys from EscheHehia coli septicamla. *Infect Irnmun*, 55（5）, pp. 1239 - 1242.

［106］ George M. Carlone, Myrtle L. Thomas, Hella S. Rumschlag. （1986）. Rapid Microprocedure for Isolating Detergent-Insoluble Outer Membrane Proteins from Haemophilus Species. *Clinical Microbiology*, 24（3）, pp. 330 - 332.

［107］ Alice L. Erwin, George E. Kenny. （1984）. Haemophilus influenzae Type b Isolates Show Antigenic Variation in a Major Outer Membrane Protein. *Infection and Immunity*, 46（2）, pp. 570 - 577.

［108］ Miniats O. P. , Smart N. L. , Rosendal S. （1991）. Cross-protection among Haemophilus parasuis strains in immunized gnobiotic pigs （b）. *Canadian Journal of Veterinary Research*, 55, pp. 37 - 41.

［109］ Altschul S. F. , T. L. Madden, A. A. Schaffer, J. Zhang, Z. Zhang, W. Miller, D. J. Lipman. （1997）. Gapped BLAST and PSI - BLAST：a new generation of protein database search programs. *Nucleic Acids Res*, 25, pp. 3389 - 3402.

［110］ Amano H. , M. Shibata, N. Kajio, T. Morozumi. （1996）. Pathogenicity of Haemophilus parasuisserovars 4 and 5 in contact-exposed pigs. *J. Vet. Med. Sci.* , 58, pp. 559 - 561.

［111］ Bakkali M. , T. Y. Chen, H. C. Lee, R. J. Redfield. （2004）. Evolutionary stability of DNA uptake signal sequences in thePasteurellaceae. *Proc. Natl. Acad. Sci. USA*, 101, pp. 4513 - 4518.

［112］ Baldauf S. L. （2003）. Phylogeny for the faint of heart：a tutorial. *Trends Genet*, 19, pp. 345 - 351.

［113］ Bigas A. , M. E. Garrido, A. M. de Rozas, I. Badiola, J. Barbe, M. Llagostera. （2005）. Development of a genetic manipulation system for Haemophilus parasuis. *Vet. Microbiol*, 105, pp. 223 - 228.

［114］ Blanco I. , L. Galina - Pantoja, S. Oliveira, C. Pijoan, C. Sanchez, A. Canals.

（2004）. Comparison between Haemophilus parasuis infection in colostrums-deprived and sow-reared piglets. *Vet. Microbiol*, 103, pp. 21 – 27.

[115] Brousseau R. , J. E. Hill, G. Prefontaine, S. H. Goh, J. Harel, S. M. Hemmingsen. （2001）. Streptococcus suis serotypes characterized by analysis of chaperonin 60 gene sequences. *Appl. Environ. Microbiol*, 67, pp. 4828 – 4833.

[116] Chiers K. , F. Haesebrouck, B. Mateusen, I. Van Overbeke, R. Ducatelle. （2001）. Pathogenicity of Actinobacillus minor, Actinobacillus indolicus Actinobacillus porcinus strains for gnotobiotic piglets. *J. Vet. Med. B*, 48, pp. 127 – 131.

[117] Cianciotto N. P. （2001）. Pathogenicity of Legionella pneumophila. Int. *J. Med. Microbiol*, 291, pp. 331 – 343.

[118] De la Puente Redondo, V. A. , J. Navas Mendez, N. Garcia del Blanco, N. Ladron Boronat, C. B. Gutierrez Martin, E. F. Rodriguez Ferri. （2003）. Typing of Haemophilus parasuis strains by PCR-RFLP analysis of the *tbpA* gene. *Vet. Microbiol*, 92, pp. 253 – 262.

[119] Del Rio, M. L. , C. B. Martin, J. Navas, B. Gutierrez-Muniz, J. I. Rodriguez-Barbosa, E. F. Rodriguez Ferri. （2006）. *aroA* gene PCR-RFLP diversity patterns in Haemophilus parasuis Actinobacillus species. *Res. Vet. Sci*, 80, pp. 55 – 61.

[120] Dewhirst F. E. , B. J. Paster, I. Olsen, G. J. Fraser. （1992）. Phylogeny of 54 representative strains of species in the familyPasteurellaceae as determined by comparison of 16S rRNA sequences. *J. Bacteriol*, 174, 2002 – 2013.

[121] Fares M. A. , E. Barrio, B. Sabater-Munoz, A. Moya. （2002）. The evolution of the heat-shock protein GroEL from Buchnera, the primary endosymbiont of aphids, is governed by positive selection. *Mol. Biol. Evol.* , 19, pp. 1162 – 1170.

[122] Fares M. A. , A. Moya, E. Barrio. （2005）. Adaptive evolution in GroEL from distantly related endosymbiotic bacteria of insects. *J. Evol. Biol.* 18, pp. 651 – 660.

[123] Fox G. E. , J. D. Wisotzkey, P. Jurtshuk, Jr. （1992）. How close is close：16S rRNA sequence identity may not be sufficient to guarantee species identity. *Int. J. Syst. Bacteriol*, 42, pp. 166 – 170.

[124] Goh S. H. , S. Potter, J. O. Wood, S. M. Hemmingsen, R. P. Reynolds, A. W. Chow. （1996）. HSP60 gene sequences as universal targets for microbial species identification：studies with coagulase-negative staphylococci. *J. Clin. Microbiol*, 34, pp. 818 – 823.

[125] Goh S. H. , Z. Santucci, W. E. Kloos, M. Faltyn, C. G. George, D. Driedger, S. M. Hemmingsen. （1997）. Identification of Staphylococcus species and subspecies by the chaperonin 60 gene identification method and reverse checkerboard hybridization. *J. Clin. Microbiol*, 35, pp. 3116 – 3121.

[126] Graur D. , W. H. Li. （1999）. Fundamentals of molecular evolution, 2nd ed. *Sinauer Associates, Sunderland, Mass.*

[127] Harris D. L. , R. F. Ross, W. P. Switzer. （1969）. Incidence of certain microorganisms in nasal cavities of swine in Iowa. Am. *J. Vet. Res.* 30, pp. 1621 – 1624.

[128] Hoffman P. S. , R. A. Garduno. (1999) . Surface-associated heat shock proteins ofLegionella pneumophila and Helicobacter pylori: roles in pathogenesis and immunity. *Infect. Dis. Obstet. Gynecol*, 7, pp. 58 – 63.

[129] Janda J. M. , S. L. Abbott. (2002) . Bacterial identification for publication: when is enough enough? *J. Clin. Microbiol*, 40, pp. 1887 – 1891.

[130] Koonin E. V. , K. S. Makarova, L. Aravind. (2001) . Horizontal gene transfer in prokaryotes: quantification and classification. *Annu. Rev. Microbiol*, 55, pp. 709 – 742.

[131] Kumar S. , K. Tamura, I. B. Jakobsen, M. Nei. (2001) . MEGA2: molecular evolutionary genetics analysis software. *Bioinformatics*, 17, pp. 1244 – 1245.

[132] Lancashire J. F. , T. D. Terry, P. J. Blackall, M. P. Jennings. (2005). Plasmid-encoded TetB tetracycline resistance inHaemophilus parasuis. *Antimicrob. Agents Chemother*, 49, pp. 1927 – 1931.

[133] Miniats O. P. , N. L. Smart, S. Rosendal. (1991) . Cross protection among Haemophilus parasuisstrains in immunized gnotobiotic pigs. *Can. J. Vet. Res.* , 55, pp. 37 – 41.

[134] Morozumi T. P. , U. Braun, J. Nicolet. (1986) . Deoxyribonucleic acid relatedness among strains ofHaemophilus parasuis and other Haemophilus spp. of swine origin. *Int. J. Syst. Bacteriol*, 36, pp. 17 – 19.

[135] Nicolet J. (1986) . Haemophilus infection, In A. D. Leman et al. (ed.), *Diseases of swine*, 6th ed. Iowa State University Press, Ames, Iowa, pp. 426 – 436.

[136] Olivera A. , Cerda-Cuellar C. , Aragon V. (2006). Study of the population structure of Haemophilus paresis by multilocus sequence typing. *Microbiology*, 152, pp. 3683 – 3690.

[137] Ooyen A. V. (2001). New approaches for the generation and analysis of microbial fingerprints. Elsevier, Amsterdam, The Netherlands. Rafiee, M. , M. Bara, C. P. Stephens, and P. J. Blackall. (2000) . *Application of ERIC-PCR for the comparison of isolates of Haemophilus parasuis*. Aust. Vet. J. 78, pp. 846 – 849.

[138] Rapp-Gabrielson, V. J. (1999) . In B. E. *Haemophilus parasuis*, pp. 475 – 481.

[139] Straw S. D. , Allaire, W. L. Mengeling, D. J. Taylor (ed.), *Diseases ofswine*. Iowa State University Press, Ames, Iowa, p. 40.

[140] Stackebrandt E. G. , B. M. Goebel. (1994) . Taxonomic note: a place for DNA-DNA reassociation and 16S rRNA sequence analysis in the presentspecies definition in bacteriology. *Int. J. Syst. Bacteriol*, 44, pp. 846 – 849.

[141] Versalovic J. , T. Koeuth, J. R. Lupski. (1991) . Distribution of repetitive DNA sequences in eubacteria and application to fingerprinting of bacterial genomes. *Nucleic Acids Res.* , 19, pp. 6823 – 6831.

[142] Wayne L. G. , D. J. Brenner, R. R. Colwell, P. A. D. Grimont, O. Kandler, M. I. Krichevshy, L. H. Moore, W. E. C. Moore, R. G. E. Murray, E. Stackebrandt, M. P. Starr, H. G. Trüper. (1987) . Report of the ad hoccommittee on reconciliation of approaches to bacterial systematics. *Int. J. Syst. Bacteriol*, 37, pp. 463 – 464.

［143］ Wong R. S. , A. W. Chow. （2002）. Identification of enteric pathogens by heat shock protein 60 kDa （hsp60） gene sequences. *FEMS Microbiol. Lett.* , 206, pp. 107 – 113.

［144］ Smart N. L. , Miniats O. P. , McInnes J. I. （1988）. Analysis of Haemophilus parasuis isolates from southern Ontario swine by restriction endonuclease fingerprinting. *Canadian Journal of Veterinary Research*, 52, pp. 319 – 324.

［145］ Rafiee M. , Bara M. , Stephens C. P. , Blackall P. J. （2000）. Application of ERIC-PCR for the comparison of isolates of Haemophilus parasuis. *Australian Veterinary Journal*, 78, pp. 846 – 849.

［146］ Redondo V. A. P. , et al. （2003）. Typing of Haemophilus parasuis strains by PCR – RFLP analysis of the *tbpA* gene. *Veterinary Microbiology*, 92, pp. 253 – 262.

［147］ Jolley K. A. , Feil E. J. , Chan M. S. , Maiden M. C. （2001）. Sequence type analysis and recombinational tests （START）. *Bioinformatics*, 17 （12）, pp. 1230 – 1231.

［148］ Alex Olvera, Marta Cerdà-Cuéllar, Virginia Aragon. （2006）. Study of the population structure of Haemophilus parasuis by multilocus sequence typing. *Microbiology*, 152, pp. 3 683 – 3 690.

［149］ Christensen H. , Kuhnert P. , Olsen J. E. , Bisgaard M. （2004）. Comparative phylogenies of the housekeeping genes atpD, infB and rpoB and the 16S rRNA gene within the Pasteurellaceae. *Int J. Syst Evol Microbiol*, 54, pp. 1601 – 1609.

［150］ Cooper J. E. , Feil E. J. （2004）. Multilocus sequence typing - what is resolved. *Trends Microbiol*, 12, pp. 373 – 377.

［151］ De la Puente-Redondo, V. A. , del Blanco, N. G. , Gutierrez-Martin, C. B. , Mendez, J. N. , Rodriquez Ferri, E. F. （2000）. Detection and subtyping of Actinobacillus pleuropneumoniae strains by PCR-RFLP analysis of the *tbpA* and *tbp*B genes. *Res Microbiol*, 151, pp. 669 – 681.

［152］ De la Puente Redondo, V. A. , Navas Mendez, J. , Garcia del Blanco, N. , Ladron Boronat, N. , Gutierrez Martin, C. B. , Rodriguez Ferri, E. F. （2003）. Typing of Haemophilus parasuis strains by PCR-RFLP analysis of the tbpA gene. *Vet Microbiol*, 92, pp. 253 – 262.

［153］ Dingle K. E. , Colles, F. M. , Wareing, D. R. , 7 other authors （2001）. Multilocus sequence typing system for Campylobacter jejuni. *J. Clin Microbiol*, 39, pp. 14 – 23.

［154］ Enright M. C. , Spratt B. G. （1998）. A multilocus sequence typing scheme for Streptococcus pneumoniae: identification of clones associated with serious invasive disease. *Microbiology*, 144, pp. 3049 – 3060.

［155］ Enright M. C. , Spratt B. G. （1999）. Multilocus sequence typing. *Trends Microbiol*, 7, pp. 482 – 487.

［156］ Enright M. C. , Spratt B. G. , Kalia A. , Cross J. H. , Bessen D. E. （2001）. Multilocus sequence typing of Streptococcus pyogenes and the relationships between emm type and clone. *Infect Immun*, 69, pp. 2416 – 2427.

[157] Feavers I. M. , Gray S. J. , Urwin R. , Russell J. E. , Bygraves J. A. , Kaczmarski E. B. , Maiden M. C. (1999) . Multilocus sequence typing and antigen gene sequencing in the investigation of a meningococcal disease outbreak. *J. Clin Microbiol*, 37, pp. 3 883 – 3 887.

[158] Hall T. (1998) . *BIOEDIT - Biological Sequence Alignment Editor for Windows. North Carolina*. USA: Carolina State University.

[159] Heym B. , Le Moal M. , Armand-Lefevre L. , Nicolas-Chanoine M. H. (2002) . Multilocus sequence typing (MLST) shows that the 'Iberian' clone of methicillin-resistant Staphylococcus aureus has spread to France and acquired reduced susceptibility to teicoplanin. *J. Antimicrob Chemother*, 50, pp. 323 – 329.

[160] Homan W. L. , Tribe D. , Poznanski S. , Li M. , Hogg G. , Spalburg E. , Van Embden J. D. , Willems R. J. (2002) . Multilocus sequence typing scheme for Enterococcus faecium. *J. Clin Microbiol*, 40, pp. 1963 – 1971.

[161] King S. J. , Leigh J. A. Heath P. J. Luque I. Tarradas, C. , Dowson C. G. , Whatmore A. M. (2002) . Development of a multilocus sequence typing scheme for the pig pathogen Streptococcus suis: identification of virulent clones and potential capsular serotype exchange. *J. Clin Microbiol*, 40, pp. 3671 – 3680.

[162] Kriz P. , Kalmusova J. , Felsberg J. (2002) . Multilocus sequence typing of Neisseria meningitidis directly from cerebrospinal fluid. *Epidemiol Infect*, 128, pp. 157 – 160.

[163] Kumar S. , Tamura K. , Nei M. (2004) . MEGA3: integrated software for Molecular Evolutionary Genetics Analysis and sequence alignment. *Brief Bioinform*, 5, pp. 150 – 163.

[164] Lancashire J. F. , Terry T. D. , Blackall P. J. , Jennings M. P. (2005) . Plasmid-encoded Tet B tetracycline resistance in Haemophilus parasuis. *Antimicrob Agents Chemother*, 49, pp. 1927 – 1931.

[165] Lemee L. , Dhalluin A. , Pestel-Caron M. , Lemeland J. F. , Pons J. L. (2004) . Multilocus sequence typing analysis of human and animal Clostridium difficile isolates of various toxigenic types. *J. Clin Microbiol*, 42, *pp.* 2609 – 2617.

[166] Maiden M. C. , Bygraves J. A. , Feil E. , 10 other authors (1998) . Multilocus sequence typing: a portable approach to the identification of clones within populations of pathogenic microorganisms. *Proc Natl Acad Sci* USA, 95, pp. 3140 – 3145.

[167] Meats E. , Feil E. J. , Stringer S. , Cody A. J. , Goldstein R. , Kroll J. S. , Popovic T. , Spratt B. G. (2003) . Characterization of encapsulated and noncapsulated Haemophilus influenzae and determination of phylogenetic relationships by multilocus sequence typing. *J. Clin Microbiol*, 41, pp. 1623 – 1636.

[168] Nallapareddy S. R. , Duh R. W. , Singh K. V. , Murray B. E. (2002) . Molecular typing of selected Enterococcus faecalis isolates: pilot study using multilocus sequence typing and pulsed-field gel electrophoresis. *J. Clin Microbiol*, 40, pp. 868 – 876.

[169] Nei M. , Kumar S. (editors) (2000) . *Molecular Evolution and Phylogenetics*. New York: Oxford University Press.

［170］ Nielsen R. （1993）. Pathogenicity and immunity studies of Haemophilus parasuis serotypes. *Acta Vet Scand*, 34, pp. 193 – 198.

［171］ Noller A. C. , McEllistrem M. C. , Stine O. C. , Morris J. G. , Boxrud D. J. , Dixon B. , Harrison L. H. （2003）. Multilocus sequence typing reveals a lack of diversity among Escherichia coli O157 ：H7 isolates that are distinct by pulsed-field gel electrophoresis. *J. Clin Microbiol*, 41, pp. 675 – 679.

［172］ Perez-Losada M. , Browne E. B. , Madsen A. , Wirth T. , Viscidi R. P. , Crandall K. A. （2006）. Population genetics of microbial pathogens estimated from multilocus sequence typing （MLST） data. *Infect Genet Evol*, 6, pp. 97 – 112.

［173］ Rapp-Gabrielson V. , Oliveira S. , Pijoan C. （2006）. *Haemophilus parasuis*. In Diseases of Swine：pp. 681 – 690.

［174］ Shi Z. Y. , Enright M. C. , Wilkinson P. , Griffiths D. , Spratt B. G. （1998）. Identification of three major clones of multiply antibiotic-resistant Streptococcus pneumoniae in Taiwanese hospitals by multilocus sequence typing. *J. Clin Microbiol*, 36, pp. 3514 – 3519.

［175］ Smith J. M. , Feil E. J. , Smith N. H. （2000）. Population structure and evolutionary dynamics of pathogenic bacteria. *Bioessays*, 22, pp. 1115 – 1122.

［176］ Spratt B. G. （1999）. Multilocus sequence typing：molecular typing of bacterial pathogens in an era of rapid DNA sequencing and the internet. *Curr Opin Microbiol*, 2, pp. 312 – 316.

［177］ Vahle J. L. , Haynes J. S. , Andrews J. J. （1995）. Experimental reproduction of Haemophilus parasuis infection in swine：clinical, bacteriological, and morphologic findings. *J. Vet Diagn Invest*, 7, pp. 476 – 480.

［178］ Van Loo I. H. , Heuvelman K. J. , King A. J. , Mooi F. R. （2002）. Multilocus sequence typing of Bordetella pertussis based on surface protein genes. *J. Clin Microbiol*, 40, pp. 1994 – 2001.

［179］ Wang X. M. , Noble L. , Kreiswirth B. N. , Eisner W. , McClements W. , Jansen K. U. , Anderson, A. S. （2003）. Evaluation of a multilocus sequence typing system for Staphylococcus epidermidis. *J. Med Microbiol*, 52, pp. 989 – 998.

［180］ Xia X. , Xie Z. （2001）. DAMBE：software package for data analysis in molecular biology and evolution. *J. Hered*, 92, pp. 371 – 373.

［181］ Achtman M. , K. Zurth, G. Morelli, G. Torrea, A. Guiyoule, E. Carniel. （1999）. Yersinia pestis, the cause of plague, is a recently emerged clone of Yersinia pseudotuberculosis. *Proc. Natl. Acad. Sci. USA*, 96, pp. 14043 – 14048.

［182］ Adak G. K. , J. M. Cowden, S. Nicholas, H. S. Evans. （1995）. The Public Health Laboratory Service national case-control study of primary indigenous sporadic cases of campylobacter infection. *Epidemiol. Infect*, 115, pp. 15 – 22.

［183］ Altekruse S. F. , N. J. Stern, P. I. Fields, D. L. Swerdlow. （1999）. Campylobacter jejunian emerging foodborne pathogen. *Emerg. Infect. Dis*, 5, pp. 28 – 35.

［184］ Bolton F. J. , S. B. Surman, K. Martin, D. R. A. Wareing, T. J. Humphrey.

(1999). Presence of Campylobacter and Salmonellae in sand from bathing beaches. *Epidemiol. Infect*, 122, pp. 7 – 13.

[185] Bolton F. J., D. R. A. Wareing, M. B. Skirrow, D. N. Hutchinson. (1992). *Identification and biotyping of campylobacters*, pp. 151 – 161. In R. G. Board, D. Jones, and F. A. Skinner (ed.), Identification methods in applied and environmental microbiology. Blackwell Scientific Publications Ltd., London, United Kingdom.

[186] Bygraves J. A., R. Urwin, A. J. Fox, S. J. Gray, J. E. Russell, I. M. Feavers, M. C. J. Maiden. (1999). Population genetic and evolutionary approaches to the analysis of Neisseria meningitidis isolates belonging to the ET – 5 complex. *J. Bacteriol*, 181, pp. 5551 – 5556.

[187] Embley T. M. (1991). The linear PCR reaction: a simple and robust method for sequencing amplified rRNA genes. *Lett. Appl. Microbiol*, 13, pp. 171 – 174.

[188] Enright M., B. G. Spratt. (1998). A multilocus sequence typing scheme for Streptococcus pneumoniae: identification of clones associated with serious invasive disease. *Microbiology*, 144, pp. 3049 – 3060.

[189] Feavers I. M., S. J. Gray, R. Urwin, J. E. Russell, J. A. Bygraves, E. B. Kaczmarski, M. C. J. Maiden. (1999). Multilocus sequence typing and antigen gene sequencing in the investigation of a meningococcal disease outbreak. *J. Clin. Microbiol*, 37, pp. 3883 – 3887.

[190] Harrington C. S., F. M. Thomson Carter, P. E. Carter. (1997). Evidence for recombination in the flagellin locus of Campylobacter jejuni: implications for the flagellin gene typing scheme. *J. Clin. Microbiol*, 35, pp. 2386 – 2392.

[191] Heuvelink A. E., J. J. H. C. Tilburg, N. Voogt, W. van Pelt, W. J. van Leeuwen, J. M. J. Sturm, A. W. van de Giesen. (1999). Surveilance of zoonotic bacteria among farm animals (Dutch). RIVM-report 285859 – 009. *RIVM, Bilthoven, The Netherlands.*

[192] Holmes E. C., R. Urwin, M. C. J. Maiden. (1999). The influence of recombination on the population structure and evolution of the human pathogen Neisseria meningitidis. *Mol. Biol. Evol*, 16, pp. 741 – 749.

[193] Hudson J. A., C. Nicol, J. Wright, R. Whyte, S. K. Hasell. (1999). Seasonal variation of Campylobacter types from human cases, veterinary cases, raw chicken, milk and water. *J. Appl. Microbiol*, 87, pp. 115 – 124.

[194] Huson D. H. (1998). SplitsTree: a program for analysing and visualising evolutionary data. *Bioinformatics*, 14, pp. 68 – 73.

[195] Jackson C. J., A. J. Fox, D. M. Jones, D. R. Wareing, D. N. Hutchinson. (1998). Associations between heat-stable (O) and heat-labile (HL) serogroup antigens of Campylobacter jejuni: evidence for interstrain relationships within three O/HL serovars. *J. Clin. Microbiol*, 36, pp. 2223 – 2228.

[196] Jolley K. A., J. Kalmusova, E. J. Feil, S. Gupta, M. Musilek, P. Kriz, M. C. J. Maiden. (2000). Carried meningococci in the Czech Republic: a diverse recombining population. *J. Clin. Microbiol*, 38, pp. 4492 – 4498.

［197］Ketley J. M. （1997）. Pathogenesis of enteric infection by Campylobacter. *Microbiology*, 143, *pp*. 5 – 21.

［198］Konkel M. E. , S. A. Gray, B. J. Kim, S. G. Garvis, J. Yoon. （1999）. Identification of the enteropathogens Campylobacter jejuni and Campylobacter coli based on the cadF virulence gene and its product. *J. Clin. Microbiol*, 37, pp. 510 – 517.

［199］Kumar S. , K. Tamura, M. Nei. （1994）. MEGA: molecular evolutionary genetics analysis software for microcomputers. Comput. Appl. *Biosci*, 10, pp. 189 – 191.

［200］Maiden M. C. J. （2000）. High-throughput sequencing in the population analysis of bacterial pathogens of humans. *Int. J. Med. Microbiol*, 290, pp. 183 – 190.

［201］Maiden M. C. J. , J. A. Bygraves, E. Feil, G. Morelli, J. E. Russell, R. Urwin, Q. Zhang, J. Zhou, K. Zurth, D. A. Caugant, I. M. Feavers, M. Achtman, B. G. Spratt. （1998）. Multilocus sequence typing: a portable approach to the identification of clones within populations of pathogenic microorganisms. *Proc. Natl. Acad. Sci. USA*, 95, pp. 3140 – 3145.

［202］Maynard Smith J. （1991）. The population genetics of bacteria. *Proc. R. Soc. London B*, 245, pp. 37 – 41.

［203］Maynard Smith J. , C. G. Dowson, B. G. Spratt. （1991）. *Localized sex in bacteria. Nature*, 349, pp. 29 – 31.

［204］Maynard Smith J. , N. H. Smith, M. O'Rourke, B. G. Spratt. （1993）. *How clonal are bacteria?* Proc. Natl. Acad. Sci. USA, 90, pp. 4384 – 4388.

［205］Nachamkin I. , B. M. Allos, T. Ho. （1998）. Campylobacter species and Guillain-Barre syndrome. *Clin. Microbiol. Rev*, 11, pp. 555 – 567.

［206］Nachamkin I. , H. Ung, C. M. Patton. （1996）. Analysis of HL and O serotypes of Campylobacter strains by the flagellin gene typing system. *J. Clin. Microbiol*, 34, pp. 277 – 281.

［207］Parkhill J. , B. W. Wren, K. Mungall, J. M. Ketley, C. Churcher, D. Basham, T. Chillingworth, R. M. Davies, T. Feltwell, S. Holroyd, K. Jagels, A. V. Karlyshev, S. Moule, M. J. Pallen, C. W. Penn, M. A. Quail, M. A. Rajandream, K. M. Rutherford, A. H. van Vliet, S. Whitehead, B. G. Barrell. （2000）. The genome sequence of the food-borne pathogen Campylobacter jejuni reveals hypervariable sequences. *Nature*, 403, pp. 665 – 668.

［208］Peabody R. , M. J. Ryan, P. G. Wall. （1997）. Outbreaks of Campylobacter infection: rare events for a common pathogen. *Communicable Dis. Rep*, 7, pp. R33 – R37.

［209］Penner J. L. , J. N. Hennessy, R. V. Congi. （1983）. Serotyping of Campylobacter jejuni and Campylobacter coli on the basis of thermostable antigens. *Eur. J. Clin. Microbiol*, 2, pp. 378 – 383.

［210］Selander R. K. , D. A. Caugant, H. Ochman, J. M. Musser, M. N. Gilmour, T. S. Whittam. （1986）. Methods of multilocus enzyme electrophoresis for bacterial population genetics and systematics. Appl. *Environ. Microbiol*, 51, pp. 837 – 884.

［211］Skirrow M. B. （1994）. Diseases due to Campylobacter, Helicobacter and related bacteria. *J. Comp. Pathol*, 111, pp. 113 – 149.

［212］ Slater E. , R. J. Owen. (1998). Subtyping of Campylobacter jejuni Penner heat-stable (HS) serotype 11 isolates from human infections. *J. Med. Microbiol*, 47, pp. 353 – 357.

［213］ Staden R. (1996). The Staden sequence analysis package. *Mol. Biotechnol*, 5, pp. 233 – 241.

［214］ Suerbaum S. , J. Maynard Smith, K. Bapumia, G. Morelli, N. H. Smith, E. Kunstmann, I. Dyrek, M. Achtman. (1998). Free recombination within Helicobacter pylori. Proc. Natl. *Acad. Sci. USA*, 95, pp. 12619 – 12624.

［215］ Walker R. I. , M. B. Caldwee, E. Lee, P. Guerry, T. J. Trust, G. M. Ruiz-Palacios. (1986). Pathophysiology of Campylobacter enteritis. *Microbiol. Rev*, 50, pp. 81 – 94.

［216］ Wareing D. (1999). The significance of strain diversity in the epidemiology of Campylobacter jejuni gastrointestinal infections. *Ph. D. thesis. University of Central Lancashire, Preston, United Kingdom.*

［217］ Wassenaar T. M. , D. G. Newell. (2000). Genotyping of Campylobacter species. Appl. *Environ. Microbiol*, 66, pp. 1 – 9.

［218］ Aanensen D. M. , Spratt, B. G. (2005). The multilocus sequence typing network: mlst. net. *Nucleic Acids Res* 33, pp. 728 – 733.

［219］ Ausiello C. M. , Palazzo R. , Spensieri F. , Fedele G. , Lande R. , Ciervo A. , Fioroni G. , Cassone A. (2005). 60 – kDa heat shock protein of Chlamydia pneumoniae is a target of T-cell immune response. *J. Biol Regul Homeost Agents* 19, pp. 136 – 140.

［220］ Baehler J. F. , Burgisser H. , de Meuron P. A. & Nicolet J. (1974). *Haemophilus parasuis* infection in swine. *Schweiz Arch Tierheilkd*, 116, pp. 183 – 188.

［221］ Barigazzi G. , Valenza F. , Bollo E. , Guarda F. , Candotti P. , Rafo A. , Foni E. (1994). *Anatomohistopathological featres related to* Haemophilus parasuis *infection in pigs. In* 1gress of the International Pig Veterinary Society, Bangkok, Thailand, pp. 235.

［222］ Bertschinger H. U. , Nicod B. (1970). *Nasal flora in swine. Comparison between SPF herds and Swedish method herds.* Schweiz Arch Tierheilkd, 112, pp. 493 – 499.

［223］ Biberstein E. L. , White D. C. (1969). *A proposal for the establishment of two new* Haemophilus *species.* J. Med Microbiol , 2, pp. 75 – 78.

［224］ Bigas A. , Garrido M. A. , Badiola I. , Barbe J. , Llagostera M. (2006). *Non-viability of* Haemophilus parasuis *fur-defective mutants.* Vet Microbiol. In *Press.*

［225］ Clarke S. C. (2002). *Nucleotide sequence-based typing of bacteria and the impact of automation.* Bioessays , 24, pp. 858 – 862.

［226］ Cooper V. L. , Doster A. R. , Hesse R. A. , Harris, N. B. (1995). Porcine reproductive and respiratory syndrome: NEB – 1 PRRSV infection did not potentiate bacterial pathogens. *J. Vet Diagn Invest* , 7, pp. 313 – 320.

［227］ Cu H. P. , Nguyen N. N. , Do N. T. (1998). Prevalence of *Haemophilus sp* infection in the upper respiratory tract of pigs and some characteristics of the isolates. *Khoa Hoc Ky Thuat Thu Y.* , 5, pp. 88 – 93.

［228］ Chiers K. , Haesebrouck F. , Mateusen B. , Van Overbeke I. , Ducatelle R. (2001) . Pathogenicity of *Actinobacillus minor*, *Actinobacillus indolicus* and *Actinobacillus porcinus* strains for gnotobiotic piglets. *J. Vet Med B Infect Dis Vet Public Health* , 48, pp. 127 – 131.

［229］ Christensen H. , Kuhnert P. , Olsen J. E. , Bisgaard M. (2004) . Comparative phylogenies of the housekeeping genes *atpD*, *infB* and *rpoB* and the 16S rRNA gene within the *Pasteurellaceae*. *Int J. Syst Evol Microbiol* , 54, pp. 1601 – 1609.

［230］ Del Rio M. L. , Gutierrez B. , Gutierrez C. B. , Monter J. L. , Rodriguez Ferri E. F. (2003b) . Evaluation of survival of *Actinobacillus pleuropneumoniae* and *Haemophilus parasuis* in four liquid media and two swab specimen transport systems. *Am J. Vet Res* , 64, pp. 1176 – 1180.

［231］ Del Rio M. L. , Gutierrez-Martin C. B. , Rodriguez-Barbosa J. I. , Navas J. , Rodriguez-Ferri E. F. (2005) . Identification and characterization of the *TonB* region and its role in transferrin-mediated iron acquisition in *Haemophilus parasuis*. *FEMS Immunol Med Microbiol* , 45, pp. 75 – 86.

［232］ Del Rio M. L. , Navas, J. , Martin A. J. , Gutierrez C. B. , Rodriguez-Barbosa J. I. , Rodriguez Ferri E. F. (2006a) . Molecular characterization of *Haemophilus parasuis* ferric hydroxamate uptake (*fhu*) genes and constitutive expression of the FhuA receptor. *Vet Res* , 37, pp. 49 – 59.

［233］ Dewhirst F. E. , Paster B. J. , Olsen I. , Fraser G. J. (1992) . Phylogeny of 54 representative strains of species in the family *Pasteurellaceae* as determined by comparison of 16S rRNA sequences. *J. Bacteriol*, 174, pp. 2002 – 2013.

［234］ Docic M. , Bilkei G. (2004) . Prevalence of Haemophilus parasuis serotypes in large outdoor and indoor pig units in Hungary/Romania/Serbia. *Berl Munch Tierarztl Wochenschr*, 117, pp. 271 – 273.

［235］ Drolet R. , Germain M. C. , Tremblay C. , Higgins R. (2000) . Ear panniculitis associated with *Haemophilus parasuis* infection in growing-Melbourne, Australia. p. 528.

［236］ Dungworth D. L. (1993) . *The respiratory system*. In *Pathology of Domestic Animals*, edn. Jubb KVF, Kennedy PC, Palmer N, 4ed, vol 2, pp. 626 – 628. Academic Press, New York, N. Y. .

［237］ Enright M. C. , Spratt B. G. (1999) . Multilocus sequence typing. *Trends Microbiol*, 7, pp. 482 – 487.

［238］ Fares M. A. , Moya A. , Barrio E. (2004) . GroEL and the maintenance of bacterial endosymbiosis. *Trends Genet*, 20, pp. 413 – 416.

［239］ Fares M. A. , Ruiz-Gonzalez M. X. , Moya A. , Elena S. F. , Barrio E. (2002) . Endosymbiotic bacteria: *groEL* buffers against deleterious mutations. *Nature*, 417, pp. 398.

［240］ Feil E. J. , Li B. C. , Aanensen D. M. , Hanage W. P. , Spratt B. G. (2004) . eBURST: inferring patterns of evolutionary descent among clusters of related bacterial genotypes from multilocus sequence typing data. *J. Bacteriol* , 186, pp. 1 518 – 1 530.

［241］ Fernandez R. C. , Logan S. M. , Lee S. H. , Hoffman P. S. (1996) . Elevated levels of *Legionella pneumophila* stress protein hsp60 early in infection of human monocytes and L929 cells correlate with virulence. *Infect Immun* , 64, pp. 1968 – 1976.

[242] Foxman B. , Zhang L. , Koopman J. S. , Manning S. D. , Marrs C. F. (2005) . Choosing an appropriate bacterial typing technique for epidemiologic studies. *Epidemiol Perspect Innov* , 2, p. 10.

[243] Garduno R. A. , Garduno E. , Hoffman P. S. (1998) . Surface-associated *hsp*60 chaperonin of *Legionella pneumophila* mediates invasion in a HeLa cell model. *Infect Immun* , 66, pp. 4602 – 4610.

[244] Goh S. H. , Driedger D. , Gillett S. , Low D. E. , Hemmingsen S. M. , Amos M. , Chan D. , Lovgren M. , Willey B. M. , Shaw C. , Smith J. A. (1998) . *Streptococcus iniae*, a human and animal pathogen: specific identification by the chaperonin 60 gene identification method. *J. Clin Microbiol* , 36, pp. 2164 – 2166.

[245] Gurtler V. , Mayall B. C. (2001) . Genomic approaches to typing, taxonomy and evolution of bacterial isolates. *Int J. Syst Evol Microbiol* , 51, pp. 3 – 16.

[246] Gutierrez C. B. , Tascon R. I. , Rodriguez Barbosa J. I. , Gonzalez O. R. , Vazquez J. A. , Rodriguez Ferri E. F. (1993) . Characterization of V factor-dependent organisms of the family *Pasteurellaceae* isolated from porcine pneumonic lungs in Spain. *Comp Immunol Microbiol Infect Dis* , 16, pp. 123 – 130.

[247] Hall B. G. , Barlow M. (2006) . Phylogenetic analysis as a tool in molecular epidemiology of infectious diseases. *Ann Epidemiol* , 16, pp. 157 – 169.

[248] Hanage W. P. , Fraser C. , Spratt B. G. (2006) . The impact of homologous recombination on the generation of diversity in bacteria. *J. Theor Biol* , 239, pp. 210 – 219.

[249] Harmsen D. , Karch H. (2004) . 16rDNA for Diagnosing Pathogens: A Living Tree. *ASM News* , 70, pp. 19 – 24.

[250] Harrington C. S. , On S. L. (1999) . Extensive 16S rRNA gene sequence diversity in *Campylobacter hyointestinalis* strains: taxonomic and applied implications. *Int J. Syst Bacteriol* 49 Pt, 3, pp. 1 171 – 1 175.

[251] Harris D. L. , Ross R. F. , Switzer W. P. (1969) . Incidence of certain microorganisms in nasal cavities of swine in Iowa. *Am J. Vet Res* , 30, pp. 1621 – 1624.

[252] Hennequin C. , Porcheray F. , Waligora-Dupriet A. , Collignon A. , Barc M. , Bourlioux P. , Karjalainen T. (2001) . GroEL (hsp60) of *Clostridium difficile* is involved in cell adherence. *Microbiology* , 147, pp. 87 – 96.

[253] Hill C. E. , Metcalf D. S. , MacInnes J. I. (2003) . A search for virulence genes of Haemophilus parasuis using differential display RT-PCR. Vet Microbiol, 96, pp. 189 – 202.

[254] Hill J. E. , Gottschalk M. , Brousseau R. , Harel J. , Hemmingsen, S. M. , Goh, S. H. (2005) . Biochemical analysis, cpn 60 and 16S rDNA sequence data indicate that Streptococcus suis serotypes 32 and 34, isolated from pigs, are Streptococcus orisratti. Vet Microbiol, 107, pp. 63 – 69.

［255］ Hjärre A. , Wramby G. （1943）. *Über die fibrinöse Serosa-Gelenkentzündung* （*Glässer's*）*beim Schwein*. Z Infektionskr Parasitenkd Krankheit Hyg Haustiere, 60, pp. 37 – 64.

［256］ Hoefling D. C. （1991）. Acute myositis associated with *Hemophilus parasuis* in primary SPF sows. *J. Vet Diagn Invest*3, pp. 354 – 355.

［257］ Hoefling D. C. （1994）. The various forms of *Haemophilus parasuis*. *J Swine Health Prod*, 2, p19.

［258］ Hoffman P. S. , Garduno R. A. （1999）. Surface-associated heat shock proteins of Legionella pneumophila and *Helicobacter pylori*: roles in pathogenesis and immunity. *Infect Dis Obstet Gynecol*, 7, pp. 58 – 63.

［259］ Holmes E. C. （1999）. Genomics, phylogenetics and epidemiology. *Microbiology Today*, 26, pp. 162 – 163.

［260］ Hung W. C. , Tsai J. C. , Hsueh P. R. , Chia J. S. , Teng L. J. （2005）. Species identification of mutans streptococci by *groESL* gene sequence. *J. Med Microbiol* 54, pp. 857 – 862.

［261］ Jain R. , Rivera M. C. , Lake J. A. （1999）. Horizontal gene transfer among genomes: the complexity hypothesis. *Proc Natl Acad Sci USA* 96, pp. 3 801 – 3 806.

［262］ Janda J. M. , Abbott S. L. （2002）. Bacterial identification for publication: when is enough enough? *J. Clin Microbiol*, 40, pp. 1887 – 1891.

［263］ Jin H. , Zhou R. , Kang M. , Luo R. , Cai X. , Chen H. （2006）. Biofilm formation by field isolates and reference strains of *Haemophilus parasuis*. *Vet Microbiol*.

［264］ Jung K. , Ha Y. , Kim S. H. , Chae C. （2004）. Development of polymerase chain reaction and comparison with in situ hybridization for the detection of *Haemophilus parasuis* in formalin-fixed, paraffin-embedded tissues. *J. Vet Med Sci*, 66, pp. 841 – 845.

［265］ Kamiya S. , Yamaguchi H. , Osaki T. , Taguchi H. （1998）. A virulence factor of *Helicobacter pylori*: role of heat shock protein in mucosal inflammation after *H. pylori* infection. *J. Clin Gastroenterol* 27 Suppl, 1, pp. 35 – 39.

［266］ Kielstein P. , Rosner H. , Müller W. （1990）. Relationship between serology, virulence and protein of *Haemophius paresis*. In *Congress of the International Pig Veterinary Society*, Rio de Janeiro, Brazil, p. 180.

［267］ Kott B. （1983）. Chronological studies of respiratory disease in baby pigs. M. S. Thesis. Iowa State University. Ames Iowa.

［268］ Lan R. , Reeves P. R. （2001）. When does a clone deserve a name? A perspective on bacterial species based on population genetics. *Trends Microbiol*, 9, pp. 419 – 424.

［269］ Lee J. H. , Park H. S. , Jang W. J. , Koh S. E. , Kim J. M. , Shim S. K. , Park M. Y. , Kim Y. W. , Kim B. J. , Kook Y. H. , Park K. H. , Lee S. H. （2003）. Differentiation of rickettsiae by *groEL* gene analysis. *J. Clin Microbiol*, 41, pp. 2952 – 2960.

［270］ Lichtensteiger C. A. , Vimr E. R. （2003）. Purification and renaturation of membrane neuraminidase from Haemophilus parasuis. *Vet Microbiol*, 93, pp. 79 – 87.

［271］ Lin B. C. （2003）. Identification and differentiation of Haemophilus parasuis sertypeable strains using a species specific PCR and the digestion of PCR products with Hind III endonuclease. In *American Association of Swine Veterinarians Annual Meeting*, pp. 299 – 301.

[272] W. , Schleifer, K. H. (1999) . Phylogeny of Bacteria beyond the 16S rRNA Standard. *ASM News*, 65, pp. 752 – 757.

[273] Macchia G. , Massone A. , Burroni D. , Covacci A. , Censini S. , Rappuoli R. (1993) . The hsp60 protein of Helicobacter pylori: structure and immune response in patients with gastroduodenal diseases. *Mol Microbiol*, 9, pp. 645 – 652.

[274] MacInnes J. I. , Desrosiers R. (1999) . Agents of the "suis-ide diseases" of swine: Actinobacillus suis, Haemophilus parasuis, and Streptococcus suis. *Can J. Vet Res*, 63, pp. 83 – 89.

[275] Maiden M. C. (2006) . Multilocus Sequence Typing of Bacteria. *Annu Rev Microbiol*.

[276] Martinez-Murcia A. J. , Anton A. I. , Rodriguez-Valera F. (1999) . Patterns of sequence variation in two regions of the 16S rRNA multigene family of Escherichia coli. *Int J. Syst Bacteriol*, 49, Pt 2, pp. 601 – 610.

[277] Mateu E. , Aragon V. , Martin M. (2005) . *Implicación de Aerococcus viridans, Actinobacillus porcinus, Actinobacillus minor y Haemophilus spp no clasificables en procesos respiratorios y sistémicos del cerdo*. In *Avedila*. Palma de Mallorca, Spain.

[278] Melnikow E. , Dornan S. , Sargent C. , Duszenko M. , Evans G. , Gunkel N. , Selzer P. M. , Ullrich H. J. (2005) . Microarray analysis of Haemophilus parasuis gene expression under in vitro growth conditions mimicking the in vivo environment. *Vet Microbiol*, 110, pp. 255 – 263.

[279] Menard J. , Moore C. (1990) . Epidemiology and management of Glässer's disease in SPF herds. In *Annual Meeting of the Americna Association of Swine Practicioners*, pp. 187 – 200. Denver.

[280] Miniats O. P. , Smart N. L. , Rosendal S. (1991) . Cross protection among Haemophilus parasuis strains in immunized gnotobiotic pigs. *Can J. Vet Res*, 55, pp. 37 – 41.

[281] Morozumi T. , Pauli U. , Braun R. , Nicolet J. (1986) . Deoxyribonucleic Acid Relateness among Strains of Haemophilus parasuis and other Haemophilus spp. of swine origin. *Int J. Syst Bacteriol*, 36, pp. 17 – 19.

[282] Morrison R. B. , Pijoan C. , Hilley H. D. , Rapp V. (1985) . Microorganisms associated with pneumonia in slaughter weight swine. *Can J. Comp Med*, 49, pp. 129 – 137.

[283] Muller G. , Kohler H. , Diller R. , Rassbach A. , Berndt A. , Schimmel, D. (2003) . Influences of naturally occurring and experimentally induced porcine pneumonia on blood parameters. *Res Vet Sci*, 74, pp. 23 – 30.

[284] Munch S. , Grund S. , Kruger M. (1992) . Fimbriae and membranes on Haemophilus parasuis. *Zentralbl Veterinarmed B*, 39, 59 – 64.

[285] Narita M. , Imada T. , Haritani M. (1990) . Comparative pathology of HPCD pigs infected with wild-type and ara-T-resistant strains of Aujeszky's disease virus. *J. Comp Pathol*,

102, pp. 63 – 69.

［286］ Narita M. , Imada T. , Haritani M. , Kawamura H. （1989）. Immunohistologic study of pulmonary and lymphatic tissues from gnotobiotic pigs inoculated with ara-T- resistant strain of pseudorabies virus. *Am J. Vet Res*, 50, pp. 1 940 – 1 945.

［287］ Narita M. , Kawashima K. , Matsuura S. , Uchimura A. , Miura Y. （1994）. Pneumonia in pigs infected with pseudorabies virus andHaemophilus parasuis serovar 4. *J. Comp Pathol*, 110, pp. 329 – 339.

［288］ Nielsen R. , Danielsen V. （1975）. An outbreak of Glässer's disease: Studies on e-tiology, serology and the effect of vaccination. *Nord Vet Med*, 27, pp. 20 – 25.

［289］ Nielsen R. （1990）. New diagnostic techniques: a review of the HAP group of bac-teria. *Can J. Vet Res* , 54 Suppl, pp. 68 – 72.

［290］ Olive D. M. , Bean P. （1999）. Principles and applications of methods for DNA-based typing of microbial organisms. *J. Clin Microbiol* , 37, pp. 1661 – 1669.

［291］ Oliveira S. , Pijoan C. , Morrison R. （2004）. Evaluation of Haemophilus parasuis control in the nursery using vaccination and controlled exposureJ. *Swine Health Prod*, 12, pp. 123 – 128.

［292］ Olsen I. , Dewhirst F. E. , Paster B. J. , Busse H. J. （2005）. Family I. Pastereullaceae. The Proteobacteria. In Bergey's Manual of determinative Bacteriology, *2nd edn. New York. Springer.*

［293］ Perez-Losada M. , Browne E. B. , Madsen A. , Wirth T. , Viscidi R. P. , Crandall K. A. （2006）. Population genetics of microbial pathogens estimated from multilocus sequence typing （MLST） data. *Infect Genet Evol*, 6, pp. 97 – 112.

［294］ Pijoan C. （1995）. Disease of high-health pigs: some ideas on pathogenesis. In *Allen D. Leman Swine Conference*, p. 16.

［295］ Pijoan C. , Trigo F. （1990）. Bacterial adhesion to mucosal surfaces with special reference to Pasteurella multocida isolates from atrophic rhinitis. *Can J. Vet Res*, 54, Suppl, pp. 16 – 21.

［296］ Pöhle D. , Johannsen U. , Kielstein P. , RabBach A. , Wiegand M. （1992）. In-vestigations on pathology and pathogenesis of Haemophilus parasuis *infection in swine. In* 1n 12 *Congress of the International Pig VeterinarySociety*, den Haag, Nederland. p. 335.

［297］ RabBach A. （1992）. Biochemical and Serological typing of *Haemophilus parasu-is. Monasth Veterinaermed*, 47, pp. 637 – 641.

［298］ Rapp-Gabrielson V. , Oliveira S. , Pijoan C. （2006）. *Haemophilus parasuis*, In *Diseases of Swine* 9 edn. Iowa: Iowa State University Press.

［299］ Rapp-Gabrielson V. J. , Gabrielson D. A. （1992）. Prevalence of *Haemophilus pa-rasuis* serovars among isolates from swine. *Am J. Vet Res*, 53, pp. 659 – 664.

［300］ Rapp V. J. , Ross R. F. , Nicolet J. （1986）. Characterization of the outer mem-brane proteins of *Haemophilus parasuis*. Ithe International Pig Veterinary Society, Ghent, Belgium. p. 262.

[301] Reen F. J. , Boyd E. F. （2005）. Molecular typing of epidemic and nonepidemic *Vibrio cholerae* isolates and differentiation of *V. cholerae* and *V. mimicus* isolates by PCR-single-strand conformation polymorphism analysis. *J Appl Microbiol* 98, pp. 544 – 555.

[302] Sacchi C. T. , Alber D. , Dull P. , Mothershed E. A. , Whitney A. M. , Barnett G. A. , Popovic T. , Mayer L. W. （2005）. High level of sequence diversity in the 16S rRNA genes of *Haemophilus influenzae* isolates is useful for molecular subtyping. *J. Clin Microbiol*, 43, pp. 3734 – 3742.

[303] San Millan A. , Escudero J. A. , Catalan A. M. , Porrero M. C. , Dominguez, L. , Moreno, M. A. , Gonzalez-Zorn, B. （2006）. R1940 Beta-lactam resistance in *Haemophilus parasuis. Clin Microbiol Infect*, 12, Suppl, 4, p. 1.

[304] Segales J. , Domingo M. , Solano G. I. , Pijoan C. （1999）. Porcine reproductive and respiratory syndrome virus and *Haemophilus parasuis* antigen distribution in dually infected pigs. *Vet Microbiol*, 64, pp. 287 – 297.

[305] Segales J. , Domingo M. , Balasch M. , Solano G. I. , Pijoan C. （1998）. Ultra-structural study of porcine alveolar macrophages infected in vitro with porcine reproductive and re-spiratory syndrome （PRRS） virus, with and without Haemophilus parasuis. *J. Comp Pathol*, 118, pp. 231 – 243.

[306] Smart N. L. , Miniats O. P. （1989）. Preliminary assessment of a *Haemophilus parasuis* bacterin for use in specific pathogen free swine. *Can J. Vet Res*, 53, pp. 390 – 393.

[307] Smart N. L. , Miniats O. P. , Rosendal S. , Friendship R. M. （1989）. Glasser's disease and prevalence of subclinical infection with *Haemophilus parasuis* in swine in southern Ontario. *Can Vet J.* , p. 30.

[308] Smith J. M. , Smith N. H. , O'Rourke M. , Spratt B. G. （1993）. How clonal are bacteria? *Proc Natl Acad Sci USA*, 90, pp. 4384 – 4388.

[309] Solano G. I. , Segales J. , Collins J. E. , Molitor T. W. , Pijoan C. （1997）. Por-cine reproductive and respiratory syndrome virus （PRRSv） interaction with *Haemophilus parasuis. Vet Microbiol*, 55, pp. 247 – 257.

[310] Spratt B. G. , Hanage W. P. , Feil E. J. （2001）. The relative contributions of re-combination and point mutation to the diversification of bacterial clones. *Curr Opin Microbiol*, 4, pp. 602 – 606.

[311] Spratt B. G. , Hanage W. P. , Li B. , Aanensen D. M. , Feil E. J. （2004）. Dis-playing the relatedness among isolates of bacterial species-the eBURST approach. *FEMS Microbiol Lett*, 241, pp. 129 – 134.

[312] Stackebrandt E. G. , B. M. （1994）. Taxonomic Note: A place for DNA-DNA Re-association and 16S rRNA Sequence Analysis in the Present Species Definition in Bactriology. *Int J Syst Bacteriol*, 44, pp. 846 – 849.

[313] Sullivan C. B. , Diggle M. A. , Clarke S. C. （2005）. Multilocus sequence typing:

Data analysis in clinical microbiology and public health. *Mol Biotechnol*, 29, pp. 245 – 254.

[314] Tadjine M. , Mittal K. R. , Bourdon S. , Gottschalk M. (2004a). Production and characterization of murine monoclonal antibodies against Haemophilus parasuis and study of their protective role in mice. *Microbiology*, 150, pp. 3935 – 3945.

[315] Teng L. J. , Hsueh P. R. , Tsai J. C. , Chen P. W. , Hsu J. C. , Lai H. C. , Lee C. N. , Ho S. W. (2002). groESL sequence determination, phylogenetic analysis, and species differentiation for viridans group streptococci. *J. Clin Microbiol*, 40, pp. 3172 – 3178.

[316] Van Ooyen A. (2001). *Theoretical aspects of pattern analysis*. In *New approches for the generation and analysis of microbial fingerprints*. Amsterdam, Nederland. Elsevier.

[317] Vanier G. , Szczotka A. , Friedl P. , Lacouture S. , Jacques M. , Gottschalk M. (2006). Haemophilus parasuis invades porcine brain microvascular endothelial cells. *Microbiology*, 152, pp. 135 – 142.

[318] Vazquez J. A. , Berron S. (2004). Multilocus sequence typing: the molecular marker of the Internet era. *Enferm Infecc Microbiol Clin*, 22, pp. 113 – 120.

[319] Versalovic J. , Lupski J. R. (2002). Molecular detection and genotyping of pathogens: more accurate and rapid answers. *Trends Microbiol*, 10, pp. 15 – 21.

[320] Wayne L. G. , Brenner D. J. , Colwell R. R. , Grimont P. A. D. , Kandler O. , Krichevsky M. I. , Moore L. H. , Moore, W. E. C. , Murray R. G. E. , Stackebrandt E. , Starr M. P. , Trüper H. G. (1987). Report of the ad hoc Committee on Reconciliation of Approaches to Bacterial Systematics. *Int J Syst Bacteriol*, 37, pp. 463 – 464.

[321] Yamaguchi H. , Osaki T. , Kurihara N. , Taguchi H. , Hanawa T. , Yamamoto T. , Kamiya S. (1997). Heat-shock protein 60 homologue of Helicobacter pylori is associated with adhesion of H. pylori to human gastric epithelial cells. *J Med Microbiol*, 46, pp. 825 – 831.

[322] Yap W. H. , Zhang Z. , Wang Y. (1999). Distinct types of rRNA operons exist in the genome of the actinomycete Thermomonospora chromogena and evidence for horizontal transfer of an entire rRNA operon. *J Bacteriol*, 181, pp. 5201 – 5209.

[323] Zhang L. , Pelech S. L. , Mayrand D. , Grenier D. , Heino J. , Uitto V. J. (2001). Bacterial heat shock protein – 60 increases epithelial cell proliferation through the ERK1/2 MAP kinases. *Exp Cell Res*, 266, pp. 11 – 20.

[324] Zucker B. , Kruger M. , Rehak E. , Horsch F. (1994). The lipopolysaccharide structure of Haemophilus parasuis strains in SDS-PAGE. *Berl Munch Tierarztl Wochenschr*, 107, pp. 78 – 81.